煤炭科学开采的系统协调度

王 蕾 著

U0352894

北 京

冶 金 工 业 出 版 社

2019

内 容 简 介

本书采用协调度理论对系统之间的协调度进行评价,给出我国煤炭科学开采的量化评判标准,客观地反映煤炭科学开采的水平,从而真实且简便地反映了煤炭科学开采的状况,为企业衡量自身的科学开采情况提供了简单而有力的评价依据。所研究的煤炭科学开采 STEEM 系统,探索了煤炭科学开采的量化评价标准,为评价我国煤炭企业的科学开采提供了有效的量化依据。

本书可供从事煤炭开采工作的科研技术人员参考,也可供大专院校相关专业师生阅读。

图书在版编目(CIP)数据

煤炭科学开采的系统协调度 / 王蕾著 . —北京:
冶金工业出版社,2019.3
ISBN 978-7-5024-7973-2

Ⅰ. ①煤… Ⅱ. ①王… Ⅲ. ①煤矿开采—调度自动化系统 Ⅳ. ①TD82-39

中国版本图书馆 CIP 数据核字(2019)第 030294 号

出 版 人　谭学余
地　　址　北京市东城区嵩祝院北巷 39 号　邮编　100009　电话　(010)64027926
网　　址　www.cnmip.com.cn　电子信箱　yjcbs@cnmip.com.cn
责任编辑　李培禄　美术编辑　吕欣童　版式设计　孙跃红　禹　蕊
责任校对　卿文春　责任印制　李玉山
ISBN 978-7-5024-7973-2
冶金工业出版社出版发行;各地新华书店经销;三河市双峰印刷装订有限公司印刷
2019 年 3 月第 1 版,2019 年 3 月第 1 次印刷
169mm×239mm;10.75 印张;207 千字;157 页
50.00 元
冶金工业出版社　投稿电话　(010)64027932　投稿信箱　tougao@cnmip.com.cn
冶金工业出版社营销中心　电话　(010)64044283　传真　(010)64027893
冶金工业出版社天猫旗舰店　yjgycbs.tmall.com
　　　　　(本书如有印装质量问题,本社营销中心负责退换)

序 言 1

纵观煤炭行业的发展，煤炭作为我国的主体能源和重要的工业原料，直接或者间接地被用于国民经济各个部门和行业，煤炭的供给支撑了国民经济的快速发展，为社会做出了重大贡献。由此，煤炭行业的技术也得到突飞猛进的发展，不断创造着新的成绩，但由于如此大规模的开采和利用，给社会环境带来了问题，这是全行业和社会都没有预计到的。站在全球环境治理的角度重新审视煤炭行业的发展，很容易发现，煤炭行业——甚至可以说是化石能源——成为了备受关注的话题。就煤炭开采领域而言，如何实现煤炭—安全—环境—经济—社会等多方的协调发展是需要探索的。因此，对于煤炭开采，或者说是采矿工程专业来说，已经不是单一的学科，更多体现的是学科的交叉性，为此必须改变采矿工作者的知识结构，需要具备采矿、设计、环境、经济、管理、统计和社会科学等一系列基础理论与技术的专业人才互相合作。

《煤炭科学开采的系统协调度》一书，其特色在于系统性与跨学科，并将定性分析转化为定量计算，给出了量化评价体系。首先，根据时间顺序详细阐述了我国煤炭科学开采理论发展近20年的理论成果与支撑技术，并对比分析了国外科学开采现状，在此基础上，丰富和完善了我国煤炭科学开采的理论体系。其次，从宏观概念、定量数据和支撑技术三个角度对比分析了国内外煤炭科学开采存在的问题、制约的因素和支撑的技术，利用相关分析原理构建了适用于煤炭科学开采的安全—技术—环境—经济—管理（STEEM）系统，并通过计算得出 STEEM 系统各指标之间的关联度，随后根据系统协调度理论计算了我国煤炭科学开采的量化指标，并给出实例分析。最后，作者总结了煤炭科学开采面临的基础理论问题、人才培养问题和宏观政策问题。

　　因此我认为此书的出版，将能有助于提升采矿科技人员对煤炭科学开采的理解，有助于促进煤炭行业转型升级的需求，有助于达到煤炭行业培养复合型人才的目标。

2018 年 12 月

序 言 2

一直以来，煤炭是我国的主体能源，为国民经济增长和能源战略安全提供基础性条件。随着煤炭资源的大规模开发，煤炭行业科学技术水平的不断提高，煤炭产量不仅大幅提高，基础理论研究也在不断深化，科学开采和研究水平不断攀高，经济效益得到了巨大的增长，但与此同时，依旧存在着安全压力较大、资源回收率低、生态环境破坏严重和管理水平不高等问题。为此，中国工程院院士钱鸣高及其团队于 2000 年提出了煤矿绿色开采，2008 年进一步提出了科学采矿的概念。经过多年的发展，煤炭领域科学采矿内涵不断充实丰富，理念成熟影响深远，取得的进展与成效也十分显著。

《煤炭科学开采的系统协调度》一书，是对绿色开采、科学采矿的继承与发展，书中进一步丰富和完善了科学采矿这一理论体系，将科学采矿分为广义和狭义两个角度，并给出了不同的定义和内涵，以狭义的科学采矿即煤炭科学开采为主线，以绿色开采技术为支撑，以机械化、自动化和科学管理为手段，以企业效益为衡量依据，以提高资源回采率、减少对矿区周边环境影响为目标，从安全、技术、环境、经济和管理的角度探讨这一理论体系，构建了相对完整的煤炭科学开采理论框架，建立了煤炭科学开采的量化指标体系，根据我国煤炭产量前十企业的数据，给出了煤炭科学开采的评价标准，也为丰富和深化煤炭科学开采理论做出了一定贡献。

书中涵盖了煤炭开采相关基础理论、建模方法及评价理论，相信对煤炭科技工作者有参考和借鉴作用。同时也祝贺作者出版此书，希望此书对推动煤炭科学开采相关研究起到积极作用。

王家臣

2018 年 12 月

前　言

　　煤炭科学开采的理论是基于可持续发展理论、循环经济理论、绿色开采和责任开采等理论发展而来的，但有其独自的行业特征，是煤炭开采从经验走向科学的转折点。这一理论是由钱鸣高院士提出的，王家臣教授、许家林教授等行业众多专家做了大量研究工作，不断完善和丰富了煤炭科学开采的内涵和体系，从理论的提出、发展和不断完善不过短短20年，对于基础理论、支撑技术、人才培养等方面的研究取得了众多成果，但仍有许多问题需要我们进行更深层次的讨论与研究，如：煤炭科学开采指标的选取与量化、煤炭科学开采的标准、煤炭科学开采下的科学管理、煤炭开采的完全成本和煤炭科学开采的发展模式等问题。因此，本书着力于构建煤炭科学开采体系，探索了煤炭科学开采的量化评价标准，为评价我国煤炭企业的科学开采提供有效的量化依据。

　　全书共分为6章。为了保持煤炭科学开采系统的完整性，第1、2章为宏观介绍，第3~5章为系统的微观阐述，第6章进行了全面的思考与总结。其中，第1章分别从国际、国内和煤炭行业三个角度介绍了能源现状和行业现状，阐述了作为我国支撑性资源供给的煤炭行业，粗放式的煤炭生产已不能符合现代化的、科学的发展要求，处于重要转折时期的煤炭行业，加速转变煤炭开采方式势在必行，煤炭科学开采也势在必行，同时为读者提供了较新的数据和相关的政策。第2章介绍了国内外与煤炭科学开采相关研究现状，针对煤炭开采引发的安全、生态、社会等相关问题，详细分析了煤炭科学开采概念、内涵和支撑技术的演化和发展模式，对比国外绿色开采与责任开采的概念，将煤炭科学开采定义为：以安全生产为前提，以绿色开采技术为支撑，以机械化自动化和科学管理为手段，以企业效益为衡量依据，以提高资源回采率、减少对矿区周边环境影响为目标的开采体系，提出了反映煤炭科学开采内涵的 STEEM 系统，即安全（Safety）—技术（Technology）—经济（Economy）—环境（Environment）—管理（Management），这也是首次将科学管理系统纳入煤炭科学开采主体系统，章节最后分别从 7 个方面分析了我国煤炭科学开采存在的问题及制约因素，为建立 STEEM 系统指标奠定基础。第 3 章首先介绍了国外煤炭清洁高效开采技术、生态环境保护技术，这些技术在国外均被视为煤炭绿色开采的支撑技术，同时介绍了美国、德国和澳大利亚三个国家对于煤炭绿色开采支持的相关法律法规。其次介绍了我国煤炭科学开采的支撑技术：特厚煤层开采、厚煤层开采、大倾角开采、充填开采、煤与瓦斯共采以及环境与资源综合利用等技术。第 4 章对煤炭科学开采 STEEM 系统的构建进行了说明，针对各子系统进行了详细的理论分析，同时说明了各系统之间的相互关系。采用了散点图法、相关性分析方法对各系统下的 35 个指标进行了详细分析和筛选，将高度相关指标剔除，仅保留不可代替指标或不同特征指标，最终将指标简化到 13 个，以量化的形式说明了指标之间的关系，为简化煤炭科学开采系统提供了指标选择的依据，使构建的煤炭科学开采 STEEM 系统更为简单实用。第 5 章利用原煤产量前 10 家的煤炭企业数据，根据构建的 STEEM 系统指标体系，通过隶属度权重计算出各子系统的发展水平值，给出 5 条不同时间下单个系统的评价标准值曲线，据此分析出我国煤炭科学开采 STEEM 系统中较为薄弱的环节；利用回归分析、静态和动态相结合的评价方法，给定了 STEEM 系统的综合发展水平值，结论表明，我国煤炭科学开采协调发展呈逐年上升趋势。本章最后以某集团作为工程实例，对构建的煤炭科学开采 STEEM 系统进行了实际的检验。第 6 章针对我国煤炭行业发展需要的基础理论研究做了进一步的探讨，列举出煤炭科学开采需要进一步深入研究的 7 个基础理论，并基于煤炭科学开采的定义与内涵重新构建采矿学科的知识理论框架与人才培养模式，最后探讨了煤炭科学开采需要的政策支持。

　　煤炭科学开采是一个包括工程学、经济学、计量经济学、资源经济学、生态环境学、管理学和哲学等跨学科的研究，因此煤炭科学开采是一个相对宏观的、复杂的、多学科的系统工程，其内涵也非常丰富。由于作者知识水平所限，书中纰漏之处在所难免，希望各位专家、读者批评指正。

本书内容的研究和撰写过程中得到了中国工程院钱鸣高院士、中国矿业大学（北京）副校长王家臣教授的指导并为本书作序，同时还得到了中国煤炭学会理事长刘峰研究员和北京理工大学管理与经济学院院长魏一鸣教授等的悉心指导和帮助，在此一并深表感谢。

王　蕾

2018 年 12 月

目　　录

1 国内外能源现状概述

能源为人类的进步、社会和经济的发展提供了保障。伴随着科技的进步和社会发展水平的提升，人类对于能源的需求不断上升。我国能源资源总量丰富，也是世界能源生产和消费大国。自改革开放以来，我国国民经济持续增长，取得了举世瞩目的成绩，能源作为生产和投入要素，为我国的经济发展提供了重要的物质基础。

1.1 世界能源（化石能源）现状分析

目前，能源需求与供给、能源市场与价格、能源效率与强度以及能源政策都成为焦点问题，与此同时，世界能源格局也在发生变化，2017 年世界一次能源消费量为 13511.2 百万吨油当量，其中，煤炭消费量增长 1%（自 2013 年以来首次增长），石油消费量增长 1.8%，天然气消费量增长 3%，一次能源 60% 的消费增长是由天然气和可再生能源提供的，这是由于中国天然气消费出现了大幅度的增长，天然气（3%，8300 万吨油当量）在一次能源消费的增长中作出了最大的贡献，其次是可再生能源（包括生物质燃料）(14.8%，7200 万吨油当量)，风电和光伏再一次出现了快速的增长。2017 年世界核能消费量增长 1.1%，水电消费量增长 0.9%，占能源总消费量的 6.86%，太阳能消费量增长 35.2%，风能发电消费量增长 17.3%，地热、生物质能和其他能源消费量增长 5.5%。从能源供给来看，如图 1-1 所示：1971～2017 年间，一次能源总供给量增长了 2.5 倍，供给结构也有所改变；石油占比虽然从 44% 下降至 33%，但依旧占主导地位；煤炭自 1999 年开始供给量持续增长，主要是由于我国煤炭消费量增加，我国煤炭供给量于 2011 年达到峰值（占比 71.3%），但总体来看，从 1971～2017 年变化量不大，从 20% 上升至 28%；天然气供给量从 16% 增长至 24%；核能供给量从 1% 增长至近 5%[1]。

世界能源格局的变化总体原因概括有四点：一是页岩气革命使美国成为了世界最大的石油和天然气生产国；二是可再生能源的迅速发展，例如，太阳能光伏在许多国家正在成为成本最低的新增发电能源；三是中国治理环境污染的举措，正在重新定义其在全球能源市场中的角色；四是制冷、电动汽车和能源系统数字化等方面的电力需求，使电气化成为未来能源发展的趋势。因此，世界能源加速向低碳化和无碳化发展。

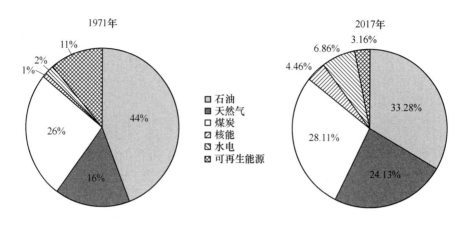

图 1-1　1971 年与 2017 年世界一次能源供给量变化率对比

1.1.1　煤炭资源变化情况

2017 年世界煤炭产量为 77.27 亿吨，比 2016 年上涨 3.4%，中国占世界总产量的 45.6%，比 2016 年下降 0.1 个百分点。从国家分布看，产量亿吨以上的国家有 10 个，按数量排序为，中国、印度、美国、澳大利亚、印度尼西亚、俄罗斯、南非、德国、波兰和哈萨克斯坦。前十名国家顺位与 2016 年相同，其中澳大利亚、德国和波兰煤炭产量较上年有所下降，其余国家煤炭产量均有所上涨，如表 1-1 所示。中国和世界煤炭产量对比（2007 ~ 2017 年），如图 1-2 所示。

表 1-1　2017 年世界前十大煤炭生产国排名

序　号	国　　家	产量/亿吨		同比/%
		2017 年	2016 年	
	世界总产量	77.27	74.92	3.4
1	中国	35.23	34.11	3.6
2	印度	7.16	6.93	3.6
3	美国	7.02	6.61	6.6
4	澳大利亚	4.84	5.04	−4.2
5	印度尼西亚	4.61	4.56	8.9
6	俄罗斯	4.11	3.87	6.7
7	南非	2.52	2.51	0.7

序　号	国　家	产量/亿吨		同比/%
		2017 年	2016 年	
	世界总产量	77.27	74.92	3.4
8	德国	1.75	1.76	
9	波兰	1.21	1.31	-2.8
10	哈萨克斯坦	1.11	1.03	8.1

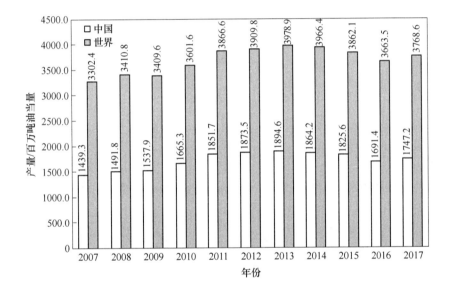

图 1-2　2007～2017 年中国与世界煤炭产量变化

　　2017 年，全球煤炭消费量为 3731.5 百万吨油当量，比 2016 年上涨 1.0%。其中，中国占世界煤炭总消费量的 50.7%，比 2016 年下降 4.2 个百分点；韩国超越南非成为全球第六大煤炭消费国。消费量排名前十的国家是中国、印度、美国、日本、俄罗斯、韩国、南非、德国、印度尼西亚和波兰，如表 1-2 所示。全球煤炭消费量的增长主要是由于中国能源消费最密集的部门出现反弹所导致的，特别是铁、粗钢和有色金属。尽管能源消费出现了增长，在 2017 年，中国的能源需求仍然低于近 10 年（2007～2016 年）平均水平，能源强度下降速度超过全球平均水平 2 倍以上。（2007～2017 年）中国和世界煤炭消费量对比如图 1-3 所示。

表 1-2　2017 年世界前十大煤炭消费国排名

序号	国　家	消费量/亿吨油当量		同比/%
		2017 年	2016 年	
	世界总消费量	37.32	37.06	1.0
1	中国	18.93	18.89	0.5
2	印度	4.24	4.06	4.8
3	美国	3.32	3.41	−2.2
4	日本	1.21	1.19	1.7
5	俄罗斯	0.923	0.892	3.8
6	韩国	0.863	0.819	5.7
7	南非	0.822	0.847	−2.7
8	德国	0.713	0.758	−5.8
9	印度尼西亚	0.572	0.534	7.4
10	波兰	0.487	0.495	−1.4

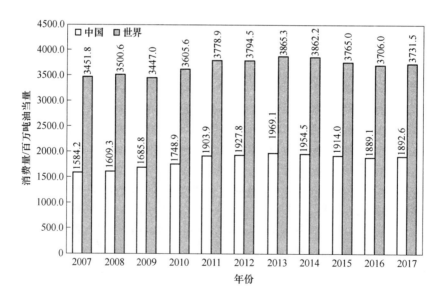

图 1-3　2007～2017 年中国与世界煤炭消费量变化

总体来看，世界煤炭生产和消费在 2017 年呈现出四个特点：（1）煤炭消费增加 2500Mtoe（增加 1%），自 2013 年来首次增加。（2）煤炭消费量增长主要是由于印度的煤炭消费量增长（18Mtoe）而上升，中国煤炭消费量也有轻微上升（4Mtoe），这是自 2014～2016 年连续三年下降，经合组织的需求连续第四年下降。（3）煤炭在一次能源的占比降至 27.6%，为 2004 年以来的最低水平。（4）世界煤炭产量增长了 105Mtoe（3.2%），是自 2011 年以来最快的增长速度。中国的产量增长了 56Mtoe、美国的产量增长了 23Mtoe。

1.1.2 石油资源变化情况

2017 年石油需求增长 1.7Mb/d，与 2016 年的增长量相近，但是远高于十年平均水平（1.1Mb/d），中国（500000b/d）和美国（190000b/d）是两大石油消费量增长国，如图 1-4 所示。石油消费量的上升主要是源于石油价格的下降，虽然提高汽车效率、加大电动汽车投产等措施抑制了一部分的石油需求，但石油价格的下降完全抵消了其需求量的减少。石油产量上升 0.6Mb/d，低于过去两年的平均值，其中美国（690000b/d）和利比亚（440000b/d）是石油产量增速最快的两个国家，而沙特阿拉伯（−450000b/d）和委内瑞拉（−280000b/d）的石油产量大幅度下降，中国的石油产量在 2017 年下降 3.8%（−153000b/d），如图 1-5 所示。

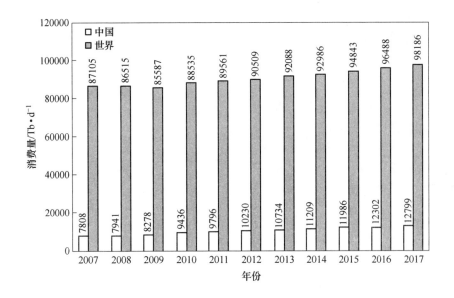

图 1-4　2007～2017 年中国与世界石油消费量变化

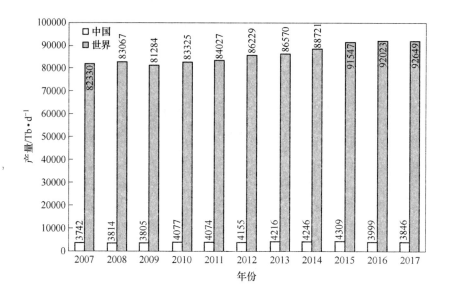

图 1-5　2007～2017 年中国与世界石油产量变化

1.1.3　天然气变化情况

2017 年是天然气大跳跃的一年，天然气消费量（3.0%，960 亿立方米）和产量（4.0%，1310 亿立方米）实现了自金融危机之后最快的增长。消费量的增长主要由亚洲引领，特别是中国的增长（15.1%，310 亿立方米），如图 1-6 所示。与此同时，天然气产量与其消费量呈现出正相关，也就是说，在 2017 年天然气产量呈现出大幅度增长，主要是与俄罗斯（8.2%，460 亿立方米），中东（伊朗 6.8%，130 亿立方米）和欧洲的产量增长有关。而中国的产量与世界产量相比，就显得比较平缓，如图 1-7 所示。

2017 年推动全球天然气消费增长的最大因素是中国天然气需求的暴增，我国的消费量增长超过了 15%，在全球天然气消费的增量中占比超过三分之一。这种快速增长可以溯源到 2013 年提出的环保规划，目标旨在后续的 5 年中改善空气质量。当 5 年的期限将至，2017 年春天我国提出了一系列针对北京、天津以及其他 26 个华北城市的加强治理措施，以满足之前的环保目标。

这些治理措施，在 2017 年 9 月进一步深化，主要针对电力部门以外煤炭的使用。特别在工业部门和居民用电方面鼓励实施煤改气和煤改电，而其中更为倾向煤改气。尽管政策聚焦于 300 万家庭的能源消费转型，但天然气需求增长主要原因还是工业部门对天然气需求的增长。煤改气促使天然气消费达到峰值是由于冬季天然气供暖需求的快速增长之后。

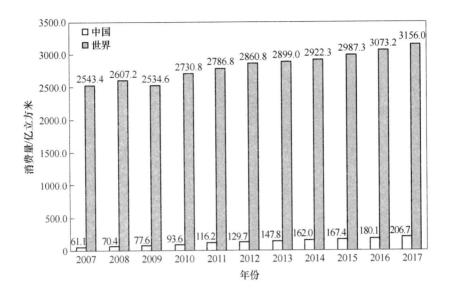

图 1-6　2007～2017 年中国与世界天然气消费量对比

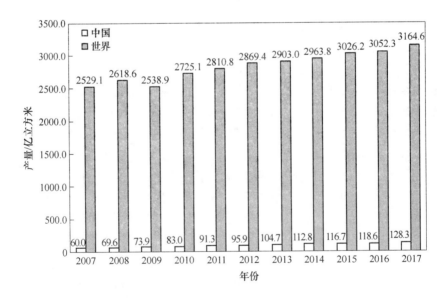

图 1-7　2007～2017 年中国与世界天然气产量对比

据预测，我国的天然气需求仍将会持续增长，但是像 2017 年的增长幅度在 2019 年及其以后很难再现。

总体来看，全球能源消费增长了约三分之一；至少自 1965 年以来，能源强度的下降速度比任何时候都快，而且能源结构也转向了低碳燃料。据估算，世界能源变化呈现三点：（1）煤炭需求达到峰值，到 2040 年，其主要能源份额将下降到 21%；（2）天然气取代煤炭，成为仅次于石油的第二大能源来源；（3）可再生能源是增长最快的燃料来源，增长了 5 倍。即便如此，在 2040 年，石油和天然气仍占全球能源的一半以上。

从我国能源在世界能源格局变化方面来看：2017 年，我国占全球能源消耗的 23.2%，占全球能源消费增长的 33.6%；我国连续第 17 年成为全球经济增长的最大贡献者。主要呈现两点：（1）煤炭在中国主要能源结构中的占比从 2016 年的 62.0% 下降到 2017 年的 60.4%，而 10 年前这一比例为 74%，我国的煤炭消耗量增长了 0.5%；（2）中国的天然气消费量在 2017 年增长了 15%，占全球天然气消费净增长的 32.6%，这是自 2012 年以来的最大年度增幅。

1.2　我国能源现状分析

世界能源格局的变化对我国能源发展也提出了挑战，我国正在向侧重于以服务为基础的经济和更清洁的能源结构方向迈进，经济发展方式正从规模速度型粗放增长转向质量效率型集约增长，经济发展动力正从传统增长点转向新的增长点，这使得能源需求增长模式产生了质变和量变。随着我国进入经济新常态，社会各界更加关注能源的开采和利用对环境、社会、人口等的影响，因此需要我国能源结构进行调整。

近年来，我国能源消费结构不断优化。清洁能源消费比重持续提高，煤炭消费比重继续下降，可再生能源装机快速增长。我国已经成为清洁能源方面最大的投资国。2017 年 5 月 16 日，普华永道发布的《2016 年中国清洁能源及技术行业投资研究报告》显示，2014 ~ 2016 年间，中国清洁能源及技术行业投资市场整体稳步发展，2016 年投资总额最高，达 13.65 亿美元，创历史新高[2]。国家能源局公布的《2017 年能源工作指导意见》中提到，在 2017 年把非化石能源消费比重提高到 14.3% 左右，天然气消费比重提高到 6.8% 左右[3]。同时可再生能源已进入规模化发展阶段。到 2016 年年底，我国可再生能源发电装机容量达到 5.7 亿千瓦，约占全部电力装机的 35%；非化石能源利用量占到一次能源消费总量的 13.3%，比 2010 年提高了 3.9 个百分点，全部可再生能源年利用量达到 5.5 亿吨标准煤。与此同时，我国已逐步从可再生能源利用大国向可再生能源技术产业强国迈进，技术装备水平显著提升。风电全产业链基本实现国产化，新型光伏电池技术转换效率不断提升。在持续推动可再生能源规模增长的同时，我国也致力于探索可再生能源产业创新。通过光伏农业、光伏渔业等"光伏＋"项目，实施光伏扶贫。近年来，一系列政策的出台把生物质能放到了十分显眼的位置，国家发改委、国家能源局发布的《关于促进生物质能供热发展的指导意见》与国家十部委编制的《北方地区冬季清洁取暖规划（2017~2021）》，为生物质能的发展明确了方向，也为生物质能供热、乃至清洁能源供热展开新的篇章[4,5]。

绿色低碳、节能环保已成为时代潮流，优化能源结构、发展可再生能源已成为各界共识。中国石油经济技术研究院近日发布的2017版《2050年世界与中国能源展望》报告称，我国一次能源消费结构呈现清洁、低碳化特征，2030年前天然气和非化石能源等清洁能源将成为新增能源主体[6]。

能源转型是一个长期的过程，实现清洁低碳的现代能源体系目标仍需解决一些深层次的矛盾和问题。我国将继续要坚持绿色低碳，着力推进煤炭清洁高效利用和能源互补的转变。能源发展"十三五"规划明确指出，"十三五"时期非化石能源消费比重提高到15%以上，天然气消费比重力争达到10%。

尽管如此，煤炭仍旧是我国的主体能源和重要的工业原料，煤炭工业的发展与改革受到了国家的重视和社会的关注。2016年，我国在国际形势复杂和国内发展改革平稳的条件下，经济运行形势平稳，经济发展由消费、投资和出口转向创新驱动，经济的增长模式也从规模性增长转向质量效益型增长，在这一新常态下，粗放式的煤炭生产已不能符合现代化的、科学的发展要求，我国煤炭行业发展面临新的挑战和发展契机，煤炭行业需以我国宏观经济政策为准则，推动煤炭产业转型升级，提升煤炭科技水平和管理体制创新发展。

煤炭的科学开采能够为我国能源安全和经济发展提供保障，为我国煤炭产业结构调整和煤炭发展模式的转变奠定基础，为保护能源与环境安全提供依据，也为稳定世界煤炭市场起到决定性作用。

1.2.1 煤炭资源占据能源生产与消费主体位置

煤炭资源是世界能源消费的重要组成部分，在国家战略及社会民生方面居于重要的地位。在世界范围内已探明煤炭资源储量占化石能源探明储量的51.57%，储采比也远高于石油和天然气，由此说明煤炭资源长期内依旧是赋存最丰富的化石能源；在全球化石能源生产和消费结构组成中，煤炭分别占35.11%及34.69%[1]，仅次于石油位居第二位，煤炭资源产量大，应用范围广。2017年世界化石能源探明储量、产量及消费量构成如图1-8所示。

煤炭是我国的主体能源，从一次能源消费结构中可以看出，我国是一个能源并不富裕的国家，尤其是油气资源短缺，煤炭能源相对丰富，因此在我国的能源消费结构中，以煤炭能源为主。我国煤炭资源储量位居世界第三，探明煤炭资源储量占化石能源的比重将近94%，煤炭资源消费量占我国一次能源消费量的66%左右[7,8]，而这一现状很难在短期内改变，因此，煤炭资源的合理开采和清洁利用对我国能源战略有着至关重要的作用。根据2018年BP世界能源统计分析

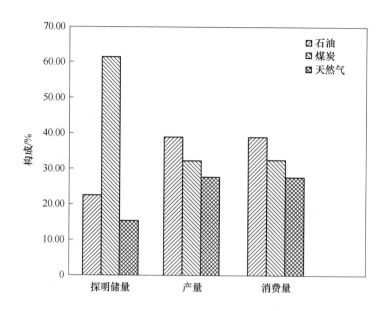

图 1-8　2017 年世界化石能源探明储量、产量及消费量构成

数据表明，2017 年我国煤炭产量为 1727.4 百万吨油当量，相比 2016 年上升了 3.6%，总产量占世界产量的 46.4%；2017 年我国煤炭消费量为 1892.6 百万吨油当量，较 2016 年上升了 0.5%，占世界消费总量的 50.7%[1]，如图 1-9 和图 1-10 所示。

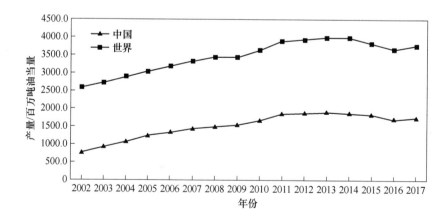

图 1-9　我国与世界煤炭产量（2002～2017 年）

近年来，我国经济高速发展的同时，煤炭的生产和消费总量也呈明显的上升趋势，目前我国是世界第一煤炭生产和消费大国。煤炭行业是我国国民经济的支

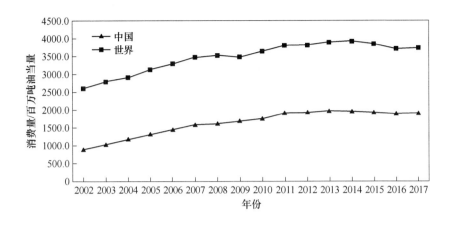

图 1-10 我国与世界煤炭消费量（2002~2017 年）

柱产业，关系到国计民生的良好运行，在国民经济中具有重要的战略地位，由于
我国能源消费格局呈现以煤炭为主的特点，因此降低了对石油进口的高度依赖
性，对维持世界能源供需平衡和保障世界能源安全具有积极的作用。

1.2.2 煤炭作为传统能源的核心地位短期内不会改变

我国能源资源的赋存特点决定了煤炭资源优于石油、天然气等传统常规能
源，因此煤炭是我国的基础能源，也具有不可动摇的地位。近年来，国家大力发
展扶持核能、风能、太阳能等清洁能源以及其他可再生能源产业，将新能源产业
作为战略新型产业，这是由于新能源在其开发利用过程中有着较传统常规能源不
争的优势。据统计我国可再生能源资源量：（1）风电在陆上 50m、70m、100m
高度层年平均风功率密度大于等于 300W/m² 的风能资源技术开发量分别为 20 亿
千瓦、26 亿千瓦、34 亿千瓦；近海 100m 高度层，5~25m 水深范围内，风能资
源技术开发量 2 亿千瓦，5~50m 水深范围内，5 亿千瓦。（2）太阳能资源丰富。
我国陆地表面每年接受的太阳辐射能约为 1.47×10^8 亿千瓦时，相当于 4.7 万亿
吨标准煤。（3）水利资源理论蕴藏量 6.9 亿千瓦时。（4）生物质能潜力估计：6
亿吨标准煤/年，估计 2020 年可达到 8 亿~10 亿吨标准煤/年。（5）地热资源：
高温地热能 150℃ 以上主要用发电；中温地热能 90~150℃ 可以发电；低温地热
能 90℃ 以下，直接利用。浅层地热能资源量每年相当于 95 亿吨标准煤，现每年
可利用 3.5 亿吨标准煤；常规地热能，资源量每年相当于 8530 万吨标准煤，现
每年可利用 6400 万吨标准煤，减排 13 亿吨 CO_2。虽然这些统计数据在一定程度
上反映出我国新能源可以提供较为丰富的能源供给，但是由于我国人口基数大，
短期内使用可再生能源代替燃煤发电仍不现实。同时，可再生能源还存在着许多

不足与缺点，这都需要进行进一步的探讨和研究。以生物质能为例，我国生物质能发电产业体系已基本形成，无论是农林生物质发电，还是垃圾焚烧发电，规模均居世界首位。截至 2017 年 6 月底，我国生物质发电装机容量约 1340 万千瓦。然而，生物质收储半径过长、规模化不足等问题，导致了生物质能利用规模小、经济性较差、发展速度较慢。生物质能亟需探索新的发展之路。由于生物质能供热属于分布式能源，存在规模小、数量多、分布广、产业链条长等问题。受这些问题的制约，我国虽然努力倡导并大力支持新能源产业的发展，但受制于核心技术水平、安全问题、经营成本及政策机制等因素。对比 2005～2017 年间煤炭与新能源消费量（如图 1-11 所示）可以看出，煤炭资源的主导地位仍然不可动摇，短期内新能源产业的发展规模难以取得质的突破，新能源在我国能源消费结构中大规模推广与应用还不太现实，只能作为常规能源的补充。

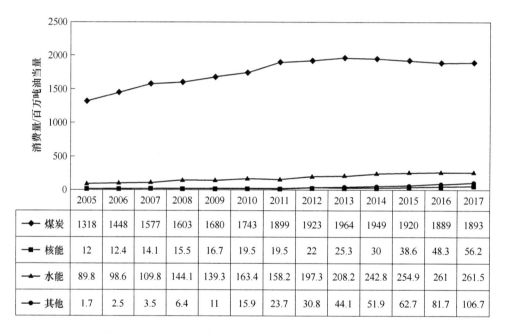

	2005	2006	2007	2008	2009	2010	2011	2012	2013	2014	2015	2016	2017
煤炭	1318	1448	1577	1603	1680	1743	1899	1923	1964	1949	1920	1889	1893
核能	12	12.4	14.1	15.5	16.7	19.5	19.5	22	25.3	30	38.6	48.3	56.2
水能	89.8	98.6	109.8	144.1	139.3	163.4	158.2	197.3	208.2	242.8	254.9	261	261.5
其他	1.7	2.5	3.5	6.4	11	15.9	23.7	30.8	44.1	51.9	62.7	81.7	106.7

图 1-11 2005～2017 年中国煤炭消费量与新能源消费量对比

从煤炭与其他能源比价来看，煤炭是最经济、最廉价的能源资源，如图 1-12 所示。

我国国内汽柴油零售价格平均价格、秦皇岛港 5500 大卡动力煤年均价格与发电用天然气价格，折算成同等发热量价格综合分析，目前我国煤炭、石油、天然气比价约为 1：7：3，如图 1-12 所示，相当于我国煤炭价格是汽柴油价格的 1/7、天然气价格的近 1/3。按照煤炭价格为 550 元/吨、油价 80 美元/桶、天然气为 3.53 元/立方米，比价关系为 1：8：4，是比较合理的。

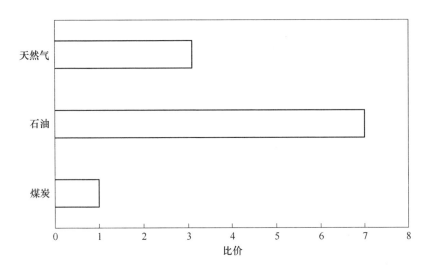

图 1-12 化石能源比价示意图

1.2.3 煤炭对国民经济发展贡献显著

煤炭作为我国的主体能源，同时也是一种重要的工业原料，直接或者间接地被用于国民经济各个部门和行业，煤炭的供给对国民经济的发展起到重要的作用，支撑了国民经济的快速发展。新中国成立以来，全国煤炭产量由 3600 万吨增加到近 40 亿吨。特别是改革开放以来，全国煤炭产量由 1978 年的 6.18 亿吨增加到 2015 年 37.5 亿吨（2013 年达到最高 39.7 亿吨），年均增长 5.2%；煤炭消费量由 5.7 亿吨增加到 39.5 亿吨（2013 年达到 42.3 亿吨），年均增长 5.6%，支撑了我国国内生产总值由 3645 亿元增加到 67 万亿元，实现了长周期年均 9%以上的增长。

在近 40 年的发展进程中，煤炭在我国一次能源生产消费结构中的比重一直占 70% 左右。2016 年，煤炭在我国一次能源生产和消费结构中分别占 69.6% 和 62%。2017 年，我国原煤产量 35.2 亿吨，同比增长 3.3%；能源消费总量 44.9 亿吨标准煤，煤炭消费量占能源消费总量的 60.4%，同比下降 1.6 个百分点[9]。

从我国电力、钢铁、建材、化工等四大耗煤行业发展看，40 多年来，全国火电装机由 1978 年的 3984 万千瓦增加到 2015 年的 9.9 亿千瓦（其中：燃煤发电 8.84 亿千瓦），耗煤 19.6 亿吨；全国粗钢产量由 3178 万吨增加到 8.04 亿吨，耗煤 6.1 亿吨；全国水泥产量由 6524 万吨增加到 23.5 亿吨，耗煤 5.4 亿吨；全国化肥产量由 884 万吨增加到 7627 万吨，考虑目前已投入运营的现代煤化工项目，共耗煤 2.3 亿吨。

2017 年前三季度，以上四个主要耗煤行业共耗煤 23.89 亿吨，占全国煤炭消费总量的 85%。煤炭作为我国重要的基础能源，为国民经济和社会长期平稳较快发展提供了可靠的能源保障，做出了巨大贡献。

我国县级行政区划的 44.2% 有煤炭生产，是部分地方财政主要来源。煤炭是山西、内蒙古、陕西、宁夏等省（区）的主要支柱产业。我国经济与煤炭消费的正相关系数为 0.75[10]，说明我国经济发展高度依赖煤炭资源的开发与利用，煤炭的安全和稳定供应直接关系到国民经济是否能够平稳健康运行。2008 ~ 2013 年，我国煤炭开发对 GDP 总量的贡献率和增量贡献率的平均值分别为 4.69% 和 4.76%[11]，各年煤炭开发对 GDP 总量的贡献率和增量贡献率如图 1-13 所示。煤炭利用对 GDP 总量的贡献率和对 GDP 增量的贡献率分别为 13.60% 和 17.95%[12]，各年煤炭利用对 GDP 总量的贡献率和对增量的贡献率如图 1-14 所示。由此可见煤炭资源的开发与利用为我国国民经济建设做出了卓越的贡献。除此之外，煤炭对区域经济的发展也有较为显著的影响，集中体现在各区域的煤炭储量及产量、产业结构、经济发展水平、地理位置等因素方面。对于煤炭主产区或调出区，煤炭产业为该区域的主导产业，其煤炭消费强度和对煤炭依赖度通常居于全国前列，而对于煤炭调入区而言，虽然该区域煤炭消费强度较低，但是对煤炭的依赖度仍然较高，并且这种局面在很长时期内都无法改变。因此可以看出，我国煤炭资源对于国家经济以及区域经济都有着显著的贡献。

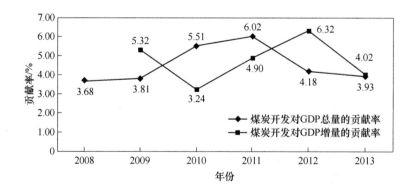

图 1-13　煤炭开发产值对 GDP 的贡献率

1.2.4　煤炭在社会稳定中的积极作用

作为我国最重要的基础能源，煤炭在社会稳定中也具有十分积极的作用。煤

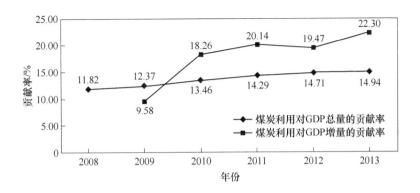

图 1-14 煤炭利用产值对 GDP 的贡献率

炭价格、产量、运输能力的变化对下游行业的健康发展影响较大。煤价的上涨通过价格传导机制严重影响电力、化工、化肥、钢铁、建材等下游行业的正常运转，造成企业非正常生产、商品价格紊乱、居民生活质量下降等不良局面。因此，煤炭在确保国民经济持续稳定发展、维系社会正常运转、保障居民生活质量等方面的作用非常显著。2015 年年底我国煤矿工人人数约为 580 万人[13]，相关下游产业的就业人数就更多，在全国就业形势日趋严峻的局面下，有利于维护社会稳定。根据国家能源局统计数据显示，2005～2016 年间我国采矿业城镇单位就业人数如图 1-15 所示。

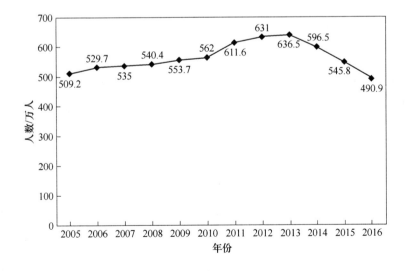

图 1-15 采矿业城镇单位就业人数（2005～2016 年）

1.2.5　煤炭的清洁化利用

党的十八大以来，我国不断制定和完善环境保护与污染治理的相关政策和法律法规。2013 年 6 月，国务院总理李克强主持召开国务院常务会议，部署了大气污染防治十条措施；2014 年 4 月和 2015 年 8 月全国人民代表大会常务委员会分别修订通过了《中华人民共和国环境保护法》和《中华人民共和国大气污染防治法》；2015 年 7 月，习近平总书记主持召开中央全面深化改革领导小组会议，研究审议了《生态文明体制改革总体方案》及其配套文件，即"1 + 6 系列文件"；2016 年 10 月，环保部正式发布了《民用煤燃烧污染综合治理技术指南（试行）》；2017 年 3 月，国务院总理李克强在政府工作报告中提到"坚决打好蓝天保卫战"的相关措施。从以上的政策和法律法规中可以提取几个关键词：调整能源结构、煤炭清洁高效利用、排放控制与标准、散煤综合治理等，这些与煤炭行业息息相关，也正是因为这些政策和法律法规的公布，促进了煤炭行业的转型升级，推动了煤炭行业技术进步。比如：我国燃煤发电超低排放、现代煤化工和传统煤化工绿色升级发展都取得了很大的进步，燃煤烟气污染物排放已经接近或达到燃用天然气的排放水平，我国煤烟型大气污染防控已经取得了巨大的成就。

根据"全球煤电追踪系统"的数据显示，截止至 2018 年 1 月，全球共有 76 个国家和地区拥有在运的火力发电厂（包括亚临界、超临界和超超临界），总装机容量有 1926GW，而我国是煤电装机容量最多的国家，达到了 922.1GW，占全球总装机的 46.9%，美国和印度分别是 281.1GW（14.3%）和 218.1GW（11.1%）。全球在运的超临界机组（不含超超临界）装机容量为 479.1GW，其中我国为 234.0GW，占比 48.8%；全球在运的超超临界机组装机容量为 236.7GW，其中我国为 185.6GW，占比 78.4%。我国目前不仅在清洁能源技术方面领先于世界，同时，我国还制定了严格的排放标准，对燃煤发电厂实行了比欧盟和美国更严格的常规污染物排放标准，这不仅推动了清洁能源技术的进步，还促进了国内就业、增加了对外出口。

1.2.6　煤炭对战略新兴产业的指导意义

"战略新兴产业"一词从字面理解分为三层定义，战略性、新兴性和产业特性。首先是指对国家综合实力、国家安全和经济社会全局及长远发展具有重大引领带动作用；其次是以重大技术突破和重大发展需求为基础，代表了未来具有巨大潜力的前沿领域技术；最后落脚在产业，将其归属于经济学范畴。

我国战略新兴产业的发展起步较晚，于 2009 年正式提出，并确定了战略新兴产业分为 7 个领域（节能环保、新兴信息产业、生物产业、新能源、新能源汽车、高端装备制造业和新材料）23 个方向。2016 年我国"十三五"规划纲要中将"支持战略性新兴产业发展"列为一个章节。

随着煤炭行业转型升级的需要，战略新兴产业的发展对煤炭行业至关重要。煤炭行业相关技术领域是战略新兴产业的重要组成部分。巩固提升"煤炭开采加工、以煤为基的新型能化、材料加工和装备制造、新兴非煤"等四大产业集群，延长优化"煤—电—聚氯乙烯、煤—兰炭—化工（建材）、煤—煤焦油—燃料油、煤—甲醇—醇醚产品"等四大循环产业链已经初步形成，为战略新兴产业奠定了基础。

煤炭深部科学开采高端技术体系、深部矿井煤与瓦斯共采技术、煤炭智能化开采技术、煤矿区生态修复和治理技术、地下选煤及井下充填关键技术、煤炭地下气化（UCG）及地热利用技术、报废矿井再生利用等技术将成为我国战略新兴产业的重要发展方向，借助新一代信息技术、新材料等产业的最新发展成果，以煤炭行业为基础，我国将会出现一批有潜力的战略性新兴产业。

综上所述，煤炭作为我国能源的战略主体地位短期内不可改变，在国家政策方针指导下以及煤炭行业技术水平不断提高中，我国煤炭开发利用的方式也不断发生变化，从而适应我国经济发展的新常态和能源革命的新要求。

1.3 煤炭行业现状

纵观中华人民共和国成立近 70 年来，全国累计生产原煤 790 亿吨，煤炭在我国一次能源生产和消费结构中的占比分别达到 70% 和 60% 以上，为国民经济和社会长期平稳较快发展提供了可靠的能源保障，做出了历史性贡献。进入 21 世纪以来，煤炭行业依靠科技进步，煤炭清洁高效生产与利用水平提升，使得煤矿安全生产状况明显好转，煤炭工业的整体面貌发生了巨大变化。煤炭行业在不同时期不同阶段经历了不同的变化，但整体来看主要集中在：煤矿安全水平的提高、煤炭行业技术的发展、煤炭开采对环境的影响、煤炭价格与经济的关系、煤炭行业管理水平等方面。

1.3.1 "十二五"煤炭行业取得的成绩

2011 ~ 2015 年是我国的第十二个五年计划，也是我国煤炭工业改革发展很不平凡的五年。回顾煤炭行业的"十二五"，煤炭行业取得了成绩，也面临着很大挑战。"十二五"期间，煤炭行业坚持以科学发展观为指导，自觉执行《关于推进煤炭工业"十二五"科技发展的指导意见》，大力加强煤炭科技创新体系建设，不断强化人才和投入支撑，有序推进煤炭基础理论研究、重大关键技术攻关、科技创新示范工程建设、先进适用技术推广，自主创新能力明显增强，科技贡献率大幅提升，为全面提升煤炭行业科学发展水平奠定了坚实的基础。

1.3.1.1　研发投入强度持续提升

"十二五"期间，以企业为主体、市场为导向、产学研用相结合的煤炭科技创新体系日益完善，行业研发投入规模强度逐步增长，煤炭科技创新水平和煤炭生产力总体水平大幅提高。截至 2015 年年底，全行业共有国家科技部批准的国家重点实验室和工程技术研究中心 22 个，国家发改委批准的国家工程实验室和国家工程研究中心 15 个、国家级企业技术中心 27 个，国家能源局批准的国家工程技术研究院 1 个、国家能源研发中心（重点实验室）11 个，国家级科研平台总数达 76 个，中国煤炭工业协会认定的煤炭行业工程研究中心 44 个；全行业共建立国家级协同创新中心 1 个、行业级协同创新中心 2 个、省级协同创新中心 14 个；建成国家级技能大师工作室 17 个，行业级技能大师工作室 204 个；涌现出一批科技创新领军人才，新增中国工程院院士 8 人、中国科学院院士 1 人，24 人入选科技部"创新人才推进计划"，6 人入选教育部"长江学者"特聘教授，1 人获"杰出工程师奖"、4 人获得"杰出工程师"鼓励奖，2 人获"中国青年科技奖"，1 人入选"全国知识产权领军人才"；大多数煤炭企业科技投入占主营业务收入比例保持在 2% 以上，2011～2014 年，全国规模以上工业企业煤炭开采和洗选业 R&D 经费投入总额为 611.1 亿元，投入强度从 2011 年的 0.46% 提高到 2014 年的 0.50%。

1.3.1.2　煤炭基础理论研究取得新进展

"十二五"期间，国家加大了对煤炭基础理论研究和关键技术攻关支持力度，全行业共获批各类国家重大和重点项目 60 余项，其中，国家"973"计划项目 8 项，"863"计划项目 5 项，国家科技支撑计划项目 9 项，智能制造装备发展专项 3 项，低碳技术创新与产业化专项 11 项，国家自然科学基金重点项目 15 项，国家科技基础性工作项目 1 项。

煤炭基础理论研究深入开展并取得新的突破。在煤炭资源开发方面，完善、发展与创新了煤与瓦斯共采理论、深部软岩工程的耦合支护理论、采场围岩应力壳理论、特厚煤层大采高综放开采围岩控制理论、顶煤放出的散体介质流理论、固体充填采煤岩层控制理论、煤矿巷道高预应力一次支护理论、无煤柱沿空留巷支护控制理论、软岩巷道滞后注浆围岩控制理论、大倾角煤层开采顶板—支架—底板系统动力学控制理论、煤矿塌陷区土地生产力恢复的三要素理论等；在煤矿重大灾害防治方面，完善和创新了煤储层开发动态地质评价理论、煤与瓦斯突出的"量化"模型、煤体卸荷损伤增透模型、高压脉动水力压裂增透模型、基于地质动力区划的矿井动力灾害统一预测理论、动力灾害的扩容致灾理论、冲击地压防治的强度弱化减冲理论、煤自燃阶段跃迁理论、火区治理与控制理论、多点调控反馈补偿整体平衡理论等，提出了矿井水害预测预报预警方法和突水灾害评价模型、基于三维地震的致灾构造探测和解释方法、老采空灾害区残余变形演化模型与地基稳定性评价方法等；在煤炭高效转化方面，探索研究了煤热解的多相反应动力学及传热传质规律、煤炭液化催化原理和新材料、煤中有害元素分布富集机理、燃煤烟气 NO_x 脱除的化学反应、煤大规模高效清洁气化、中低阶煤分级转化联产低碳燃料和化学品、褐煤洁净高效转化、CO_2 地质存储等基础理论和方法。

1.3.1.3 共性关键技术攻关获得新突破

"十二五"期间，研发出一批具有国际领先水平的先进技术，大型矿井建设、特厚煤层综放开采、燃煤超低排放、新型煤化工技术达到国际领先水平，培育了一批具有核心竞争力和高附加值的科技产业。

在煤田地质勘探与矿井地质保障领域，形成了具有中国特色的立体式综合勘查理论体系，"井上下一体、多手段联合、采前与采中配合"的煤矿地质保障技术体系逐渐成熟。三维地震技术逐渐主导，目前可查明1000m深度以内落差3~5m以上的断层和直径20m以上的陷落柱，解释落差3~5m的断点以及波幅10m以上的褶皱。电磁法勘探技术、测井技术、受控定向钻进技术得到广泛应用。

在大型矿井建设领域，冻结、钻井、注浆等特殊凿井技术达到国际领先水平，建井装备研发取得重大突破。冻结法凿井技术穿过冲积层厚度726.42m，西部软岩立井冻结如核桃峪副井冻结深度达955m，净直径为9.0m。钻井法最大钻凿成井深度达660m，最大钻井直径为10.3m。成功研制出一次钻孔直径达5.0m、钻孔深度达600m、钻孔偏斜控制度达0.5%的大直径反井钻机；成功研制出超大直径深立井凿井大型成套装备，国内施工井筒最大荒径15.5m，最大井深1341.6m。

在快速掘进方面，世界首套全断面高效快速掘进系统在神东矿区成功投用，创158m/d掘进新纪录。世界首条立井煤矿全断面硬岩掘进机在淮南矿业集团试验成功，创造月单掘进560m的国内纪录，实现了传统岩巷掘进技术和装备的历史性突破。

在煤炭高效开采领域，开采技术与装备取得新突破。14~20m特厚煤层大采高综放开采成套技术与装备在同煤集团塔山矿试验成功，工作面设备开机率平均92.1%，工作面回收率达88.9%，年产量1000万吨以上。7m大采高综采关键技术与装备在神东矿区成功应用，工作面回采率达96%，年产量达1500万吨。薄煤层、倾斜急倾斜煤层、破碎顶板等复杂地质条件煤层综采，东部地区村庄、建筑物下压煤充填开采，西部矿区保水开采均取得明显成效。

在煤矿信息化与自动化领域，综采工作面智能生产控制系统研制成功，实现了工作面内无人操作的智能采煤常态化运行，在黄陵矿业有限公司 1.1 ~ 2.3m 较薄煤层成功应用，年产能力达 200 万吨以上。研制成功智能矿山生产综合一体化管控系统，实现了单个矿井的智能集中管控，在神华锦界煤矿成功示范。在神东矿区建成世界最大的亿吨级智能大型矿井群，实现了矿井群资源的智能配置。

在煤矿灾害防治领域，国产千米定向钻机在晋煤集团寺河矿成功施工主孔深度 1881m 的顺煤层超长钻孔，高瓦斯突出煤层强化卸压增透技术广泛应用，实现了我国井下瓦斯高效抽采技术的重大突破。矿井重大水害隐患精细探测、煤层底板灰岩含水层高效超前区域治理、地面快速抢险封堵过水通道关键技术取得突破。成功研制综掘工作面泡沫高效除尘技术，与控风除尘联合使用综合除尘效率大于 98%。

在煤层气开发领域，形成了晋城、两淮、松藻 3 种典型地质条件下煤炭与煤层气协调开发模式。在晋城矿区创立了煤矿区煤层气工厂化开发模式，实现钻井、压裂、排采和集输等多工艺流程一体化开发；研制出煤层气水平井钻进与压裂技术，单井平均产气量稳定在 8000m³/d 以上；攻克了煤矿采动区地面井抽采难题，实现地面井完好率 93% 以上。成功研制出浓度低于 1% 的乏风氧化、浓度低于 30% 的易爆炸瓦斯安全燃烧、浓度高于 30% 的瓦斯浓缩提纯与深冷液化中试装置。

在煤炭加工领域，选煤技术与装备取得了长足的进步，成功研制出具有自主知识产权的大型 $\phi1500mm$ 无压给料三产品重介质旋流器，大型机械搅拌式和喷射式浮选机、$\phi6000mm$ 微泡浮选柱、带有特殊结构中矿箱的 "3 + 2" 浮选机、大型筛粉机、$\phi1500mm$ 卧式振动离心脱水机、25000×25000 自动快开隔膜压滤机、$\phi1500mm$ 高效磁选机，新一代空气重介干法选煤和大型全粒度级复合式干法分选成套技术与装备相继研发成功，大型旋流化解聚煤泥干燥技术解决了长期困扰选煤厂的煤泥同步干燥提质问题，全国原煤入选率达 65.9%。

在煤炭清洁利用领域，大容量高效煤粉工业锅炉系统热效率最高达 93.1%，烟尘排放 $\leq 30mg/m^3$，NO_x 浓度 $\leq 310mg/m^3$，已在全国 20 个省市推广应用。单机组 300MW 循环流化床低热值煤发电全面商业运行，单机组超临界 600MW 循环流化床机组示范成功。神华集团国华电力舟山电厂和三河电厂部分机组实现了 "超低排放"，标志着我国大型燃煤机组 "超低排放" 技术路线全部打通。

在现代煤化工领域，以煤制油、煤制气、煤制烯烃、煤制乙二醇、煤制甲醇制汽油和二甲醚为代表的现代煤化工工艺技术得到完全突破，煤制芳烃、煤直接制取乙炔也取得较好进展。大型多喷嘴水煤浆气化炉、大型干粉气流床气化炉、YM型碎煤加压气化炉均得到广泛推广应用。煤制天然气甲烷化中试技术取得突破，煤制天然气大部分生产设备已实现国产化，我国已掌握了该领域全产业链的所有技术。煤炭间接液化自主研发了低温浆态床 F－T 合成关键技术，煤炭直接液化开发了高活性的煤液化催化剂，形成了具有自主知识产权的CDCL煤炭直接液化新工艺。世界首条低质煤制甲醇蛋白联产脂肪酶的生产线在河南能源化工集团义煤公司投产。焦油全馏分加氢制油成功投运，已生产出合格的油品。褐煤、长焰煤等低阶煤中低温干馏制油、制气技术取得了长足进展。

在节能减排与资源综合利用领域，矿井电力系统智能化控制、大容量无功补偿技术与装置广泛应用。煤系地层铝矾土、高岭土、油母页岩等共伴生矿产资源开发取得新进展。干法联合脱硫脱硝技术与装备性能达到国际领先水平，脱硫效率≥95%、脱硝效率≥70%。先后建成了大同塔山、山西焦煤、安徽淮南、河南平顶山、山东新汶和辽宁抚顺矿业等 20 余处以煤电为核心、以资源综合利用和环境保护为特色的大型循环经济园区，取得了显著的经济和社会效益，引起了全社会的广泛关注。

1.3.1.4　行业标杆和引领作用巨大

千万吨高效自动化开采矿井、绿色开采生态矿山、煤与瓦斯突出防治、高承压及深部矿井防治水、煤层气开发利用、煤矿井下高效排矸、褐煤物理干燥、煤炭转化、智能矿山等一批煤炭科技创新示范工程建设取得明显成效，对于构建安全、稳定、经济、清洁的现代煤炭工业体系发挥了强大的支撑和引领作用。其中包括3项国家科技重大专项煤层气开发示范工程、3项国家发改委智能制造装备发展专项示范工程、11项国家发改委低碳技术创新及产业化示范工程、22项煤炭行业科技创新示范工程，准格尔矿区、山东新汶、甘肃窑街、大同塔山、淮北矿区被批准为国土资源部矿产资源综合利用示范基地。

煤炭开采方面，同煤集团塔山矿、同忻矿、中煤某1号井工矿、淮南矿业集团谢桥矿等建成了千万吨级高效自动化开采矿井。生态矿山建设方面，神东煤炭集团大柳塔矿实现了生态脆弱矿区高强度开采地下水资源保护利用和地表生态修复；新汶矿业集团龙固煤矿实现了煤矸石、粉煤灰、矿井水等资源利用和沉陷土地100%生态复垦的目标。

煤矿灾害防治方面，平煤神马集团突破了煤与瓦斯突出矿井深部动力灾害的预防难题；重庆能投集团"水治瓦斯"新技术大幅提高了煤矿瓦斯治理的效率和效益；兖矿集团实现了奥灰高承压水上下组煤安全开采。煤层气开发方面，山西晋城煤层气开发利用示范工程累计完成地面井 3000 余口。山西瑞阳煤层气有限公司对 5% ~ 35% 中低浓度瓦斯进行提浓、脱氧和液化，形成年产 5 万吨 LNG 产品规模。

井下高效排矸方面，冀中能源集团、新汶矿业集团等研制出具有自主知识产权的井下排矸成套技术与装备，创立了我国井工矿采、选、充一体化的运行模式。规模化褐煤物理干燥方面，神华集团在内蒙古海拉尔建设了两条年产 50 万吨规模的褐煤提质生产线，在宝日希勒建成国内首条年处理 20 万吨煤炭能力的微波褐煤干燥提质生产线。

智能矿山建设方面，神东锦界煤矿建成智能矿井，神东矿区建成亿吨级智能矿井群；陕煤化黄陵矿、平煤六矿、西山煤电斜沟矿等智能综采工作面示范工程建设，推动了我国"无人化工作面"的快速发展。

煤炭转化方面，已建成神华百万吨级煤炭直接液化，伊泰、潞安 16 万吨级间接液化，神华包头、宁煤 60 万吨级煤制聚乙烯，大唐多伦 46 万吨聚丙烯，大唐克旗、庆华伊犁一期 13.3 亿立方米煤制气，中煤图克 350 万吨大化肥，云南先锋 20 万吨煤制汽油（MTG）等现代煤化工示范工程。

1.3.1.5　创新成果与现实生产力有效对接

"十二五"以来，国家有关部委加大了先进适用技术的推广力度。"露井联合开采技术""高水膨胀材料充填采煤技术"等 55 项煤炭技术列入国土资源部矿产资源节约与综合利用先进适用技术推广目录。"煤矸石似膏体自流充填技术""泵送矸石填充技术"等 3 项煤炭技术列入国家工信部工业固体废物综合利用先进适用技术推广目录。"矿井通风监测仿真技术""煤与瓦斯突出综合预警技术及系统"等 55 项技术列入国家安监总局煤矿安全生产先进适用技术推广目录。2015 年 12 月，国家科技部、国家能源局、国家环保部和中国煤炭工业协会联合发布了《煤炭绿色开采与安全环保技术成果目录》，共发布煤炭领域相关技术、工艺和装备成果 97 项；国家能源局发布了《煤炭安全绿色开发和清洁高效利用先进技术与装备推荐目录》，共发布 69 项先进技术与装备。

全行业高度重视科技研发与成果转化协调发展，大力推进先进成果向技术标准的转化。"十二五"期间，共立项煤炭标准制修订计划项目 679 项（含修订项目 211 项），其中 GB 标准 117 项、MT 标准 396 项、AQ 标准 66 项、NB 标准 100 项；共制修订标准 584 项（含修订标准 248 项），其中 GB 标准 123 项、MT 标准 384 项（报批稿 271 项）、AQ 标准 55 项（报批稿 23 项）、NB 标准 22 项（报批稿 6 项）。2 项标准获得中国标准创新贡献奖，其中《中国煤炭分类》（GB/T

5751—2009）荣获中国标准创新贡献奖一等奖，《煤中全硫的测定方法》（GB/T 214—2007）获中国标准创新贡献奖三等奖。2014 年，组织制定并发布了国家标准《商品煤质量评价和控制技术指南》。

1.3.1.6 行业科技贡献率大幅提升

"十二五"期间，全行业共获得国家科技奖励 35 项，中国煤炭工业协会科技奖励共授奖 1501 项，中国煤炭科工集团、同煤集团等 10 家单位联合完成的"特厚煤层大采高综放开采关键技术及装备"荣获国家科技进步一等奖。煤炭行业企事业单位专利申请量前 10 名共申请专利 29126 件，36 项发明专利荣获中国专利奖，神华集团的"一种煤炭直接液化的方法""一种矿井地下水的分布式利用方法"和淮南矿业集团的"沿空留巷 Y 型通风采空区顶板卸压瓦斯抽采的方法"等 3 项专利荣获金奖；14 家煤炭企业入选"国家知识产权示范企业和优势企业"，兖矿集团和中国神华能源股份有限公司被评选为国家知识产权示范企业；中国煤炭工业专利奖共授奖 222 项。科技进步对煤炭生产力总体水平的贡献显著提升，行业科技贡献率从"十一五"末的 39.2% 大幅提高到"十二五"末的 49.5%。

1.3.2 2014~2017 年煤炭行业相关政策

2014 年国家对能源行业作出了一系列重大决策以推进能源生产和消费革命。习近平在中央财经领导小组第六次会议上提出五点要求以促进能源生产和消费革命工作，即推进能源消费革命、推进能源供给革命、推进能源技术革命、推进能源体制革命、全方位国际合作。同时习近平还强调了煤炭在我国能源生产和消费中的主体地位。李克强在国家能源委员会议上明确了"节能、清洁、安全"的能源战略方针，提出了"节能优先、绿色低碳、立足国内、创新驱动"的能源发展战略。

2015 年中央经济工作会议明确指出，要抓好"去产能、去库存、去杠杆、降成本、补短板"五大重点任务，而"去产能"成为首要任务。

2016 年，化解煤炭过剩产能成为供给侧结构性改革的首要任务，我国陆续出台了数个与煤炭去产能相关的政策：（1）国务院发布了《关于煤炭行业化解过剩产能实现脱困发展的意见》，旨在 3~5 年内退出产能 5 亿吨左右、减量重组 5 亿吨左右，较大幅度压缩煤炭产能，适度减少煤矿数量，煤炭行业过剩产能得到有效化解，市场供需基本平衡，产业结构得到优化，转型升级取得实质性进展。（2）中国人民银行发布了《关于金融支持工业稳增长调结构增效益的若干意见》，旨在对钢铁、煤炭行业产能过剩产业落实差别化工业信贷政策，优质企业给予信贷支持，对僵尸企业压缩贷款规模。（3）发改委等部门联合发布了

《关于进一步规范和改善煤炭生产经营秩序的通知》，旨在进一步规范和改善煤炭生产经营秩序，有效化解过剩产能，推动煤炭企业实现脱困发展。（4）人社部等部门联合发布《关于在化解钢铁煤炭行业过剩产能实现脱困发展过程中做好职工安置工作的意见》，旨在维护好职工和企业双方的合法权益，促进失业人员平稳转岗就业，兜牢民生底线，为推进结构性改革营造和谐稳定的社会环境，提出支持企业内部分流、促进转岗就业创业、符合条件人员实行内部退养和运用公益性岗位托底帮扶等四种人员安置方法。

2017 年，煤炭行业国家政策明显的变化就是在"去产能"方面，发布了多个产能释放文件，明确要求释放先进产能，并取消了 276 个工作日制度的实施。（1）2017 年 4 月 21 日，能源局、发改委印发《关于进一步加快建设煤矿产能置换工作的通知》，要求在建煤矿项目应严格执行减量置换政策或化解过剩产能的任务。（2）2017 年 5 月 12 日，能源局、发改委印发《关于做好 2017 年钢铁煤炭行业化解过剩产能实现脱困发展工作的意见》，强调 2017 年退出煤炭产能 1.5 亿吨以上，实现煤炭总量、区域、品种和需求基本平衡。（3）2017 年 6 月 12 日，国家煤矿安监局、国家安全监管总局印发《煤矿安全生产"十三五"规划》的通知，强调加快淘汰落后产能和 9 万吨/年及以下小煤矿，以及采用国家明令禁止使用的采煤工艺且无法实施技术改造的煤矿。（4）2017 年 6 月 15 日，能源局、发改委、煤监局、安监局联合印发《关于做好符合条件的优质产能煤矿生产能力核定工作的通知》，允许部分先进产能煤矿按照减量置换的原则核定生产能力。（5）2017 年 6 月 30 日，能源局、发改委印发《做好 2017 年迎峰度夏期间煤电油气运保障工作》，加快推进煤炭优质产能释放，保障重点时段重点地区电煤稳定供应。（6）2017 年 7 月，国家能源局等 16 部委联合印发《关于推进供给侧结构性改革防范化解煤电产能过剩风险的意见》，"意见"提出："十三五"期间，全国停建和缓建煤电产能 1.5 亿千瓦，淘汰落后产能0.2 亿千瓦以上，实施煤电超低排放改造 4.2 亿千瓦、节能改造 3.4 亿千瓦、灵活性改造 2.2 亿千瓦。到 2020 年，全国煤电装机规模控制在 11 亿千瓦以内，具备条件的煤电机组完成超低排放改造，煤电平均供电煤耗降至 310 克/（千瓦·时）。（7）2017 年 11 月，能源局、发改委印发《关于建立健全煤炭最低库存和最高库存制度的指导意见（试行）》及考核办法的通知，对于煤炭生产企业而言，煤矿地面生产系统中的储煤能力应达到 3～7 天的矿井设计产量，储煤能力包括储煤场和储煤装车仓总能力。同时，设有储煤场的煤矿，当动力煤价格处于绿色区域时，应保持不低于 5 天设计产量的最低储煤量；当动力煤价格出现大幅下跌超出绿色区域下限时，煤矿应保持不低于 7 天设计产量的最低储煤量；当动力煤价格出现大幅上涨超出绿色区域上限时，煤矿储煤量可不高于 3 天设计产量。不设储煤场的煤矿，应保持装车仓最大设计储煤量。对于煤炭主要用户而言,电力、建材、冶金、化工等重点耗煤行业的相关企业,日常生产经营过程中煤炭最低库存原则上不应低于近3年企业储煤平均水平;在市场供不应求、价格连续快速上涨时,其存煤量不应高于最高库存,最高库存原则上不超过两倍的最低库存量。

上述相关政策加速了落后产能的退出。根据国家能源局2018年第3号公告正式发布:截至2017年年底,全国公告生产和建设煤矿4980处,产能43.6亿吨,其中生产煤矿3907处,产能33.4亿吨;建设煤矿1156处(含生产煤矿同步改建、改造项目83处),产能10.2亿吨。建设煤矿中已进入联合试运转的230处,产能3.6亿吨。从此次公告情况看,我国煤矿产能具有以下特点:

(1)煤矿规模结构进一步优化。30万吨/年以下的煤矿2061处,产能2.2亿吨,占公告煤矿产能总数的5.1%;30万吨/年及以上、120万吨/年以下煤矿1914处,产能11.0亿吨,占公告煤矿产能总数的25.3%;120万吨/年及以上煤矿1005处,产能30.3亿吨,占公告煤矿产能总数的69.6%。大型现代化煤矿已经成为煤炭供应的主力军。

(2)煤炭开发布局加速向资源条件好的地区转移。晋陕蒙宁四省(区)公告煤矿1782处,产能29.7亿吨,占公告煤矿产能总数的68.2%。这些地区的煤矿普遍资源禀赋好、达产率高,对保障煤炭稳定供应的作用日益突出。

(3)建成煤矿产能与产量基本匹配。截至2017年年底,公告生产煤矿33.4亿吨,进入联合试运转的建设煤矿3.6亿吨,产能合计约37亿吨。2017年全国煤炭产量35.2亿吨,建成煤矿产能与实际产量基本匹配,建成煤矿产能总体上得到了有效发挥。

1.3.3　2018年上半年经济运行情况[14]

(1)煤炭消费小幅增长。初步测算,上半年全国煤炭消费量约18.9亿吨,同比增加5700万吨,增长3.1%。从用煤结构看,发电和新型煤化工用煤增加,其他行业用煤减少。其中,电力行业耗煤10亿吨,同比增加8400万吨,增长9.1%;钢铁行业耗煤3亿吨,同比基本持平;建材行业耗煤2.3亿吨,减少130万吨,下降0.6%;化工行业耗煤1.4亿吨,增加450万吨,增长3.3%;其他用煤减少4000万吨,其中居民用煤明显下降。

(2)煤炭供应增加。一是国内产量增加。上半年,全国规模以上煤炭企业原煤产量17亿吨,同比增加6368万吨,增长3.9%(6月份产量2.98亿吨,同比增长1.7%)。二是进口增加。上半年全国煤炭进口1.46亿吨,同比增加1319万吨,增长9.9%;出口236.5万吨,下降55.3%;净进口14382万吨,增加1611万吨,增长12.6%。其中6月份进口2547万吨,同比增长17.9%,环比增加313万吨,增长14%。三是铁路煤炭发运较快增长。上半年全国铁路共发送煤炭 11.73 亿吨，同比增加 1.08 亿吨，增长 10.2%。主要港口发运煤炭 3.7 亿吨，同比增长 1.1%。

（3）全社会库存处于合理水平。一是煤矿存煤有所减少，库存处于较低水平。6 月末，重点煤炭企业库存 5800 万吨，同比减少 2080 万吨，下降 26.4%，环比减少 150 万吨。二是主要用户存煤增加，电厂库存处于较高水平。6 月末全国统调电厂存煤 1.16 亿吨，同比增加 974 万吨，增长 9.2%，环比增加 780 万吨，增长 7.2%，比 4 月末增加 1620 万吨（7 月 10 日存煤比 6 月末又增加 65 万吨，可用 23 天），为近 4 年来同期最高值；三是港口存煤明显增加。6 月末北方主要煤炭下水港（秦皇岛、曹妃甸、京唐、黄骅等）存煤 1840 万吨，同比增长 23.7%，比 5 月末增长 17.6%（7 月 13 日存煤 1874 万吨）。长江及内河港口、华南主要接卸港存煤增加较快。

（4）煤炭价格在合理区间波动。一是中长期合同价格保持稳定，自年初以来动力煤中长期合同（5500 大卡下水煤）价格始终稳定在绿色区间，7 月份价格为 557 元/吨，与上月持平；1 ~ 7 月份均价为 561.3 元/吨，同比下降 8.1 元/吨。二是市场现货价格受市场预期影响波动较大，秦皇岛 5500 大卡下水煤市场平仓价由年初最高的 770 元/吨下降到 4 月中旬的 570 元/吨左右，6 月上旬回升至 700 元/吨左右，近期又回落至 680 元/吨左右，并有继续下行的压力。7 月 16 日中国煤炭市场网（CCTD）秦皇岛综合交易价（5500 大卡）586 元/吨，比上周下降 1 元/吨。三是产地价格近期有所回落。7 月中旬，山西大同、内蒙古鄂尔多斯、陕西榆林等地 5500 大卡煤炭坑口价格比 6 月末下降 10 ~ 15 元/吨。四是炼焦煤价格基本稳定，7 月 13 日中国煤炭市场网（CCTD）唐山主焦煤价格 1420 元/吨，比年初上涨 20 元/吨。

（5）固定资产投资继续下降。自 2013 年以来煤炭开采和洗选业固定资产投资连续下降，今年前 5 个月投资同比下降 1.9%，降幅比上年同期收窄 6.6 个百分点；其中民间投资下降 8.8%，降幅比上年同期收窄 9.9 个百分点。

（6）行业效益持续好转。前 5 个月，全国规模以上煤炭企业主营业务收入 9635 亿元，同比增长 4.5%；利润 1278.8 亿元，同比增长 14.8%。协会统计的 90 家大型企业前 5 个月利润总额（含非煤）625.85 亿元，同比增长 33.6%。5 月末规模以上煤炭企业应收账款 2676 亿元，同比下降 4.3%。

1.4　研究的意义

在看到煤炭在我国有着重要的战略地位以及对 GDP 贡献的同时也要看到煤炭行业的安全状况仍旧欠佳、管理水平相对较低、环境破坏较为严重等相应的问题，这也使得煤炭行业一直无法转变形象。但更为严峻的是，我国目前煤炭科学开采和科学产能仅仅接近总量的 40%，更多的是无节制非科学开采，也就加强了煤炭在我国能源消费结构中的主体地位，进而由煤炭利用产生的高排放致使我国在国际社会中处于不利地位。因此，转变我国煤炭行业形象，全面提升煤炭行业科学开采水平，真正实现煤炭的安全、高效、绿色开采的煤炭行业可持续开采，已成为最优战略选择。因此本书以科学采矿的定义为出发点，围绕由安全（Safety）、技术（Technology）、经济（Economy）、环境（Environment）和管理（Management）五个方面构建的煤炭科学开采 STEEM 系统进行研究，旨在通过研究提升煤炭科学开采的思想观念、丰富煤炭科学开采的内涵、提出煤炭科学开采的 STEEM 系统及量化的评价标准。

（1）提升煤炭科学开采的观念。从根本上改变无序、粗放的开采模式，首要的就是转变思想，培养煤炭科学开采的意识，提升对煤炭科学开采的认知力，这是我国煤炭行业发展形势所迫切需要的。本书对煤炭科学开采的发展评价指标和模型进行了理论研究，这将有助于煤炭科学开采概念的形成和完善。

（2）丰富煤炭科学开采的定义和内涵。以煤炭科学开采现有的理论为基础，将煤炭科学开采作为科学采矿的分支进行了重新定义，进一步诠释了煤炭科学开采的定义，并延伸了煤炭科学开采的内涵，为今后形成完备的理论体系提供了依据。

（3）构建了煤炭科学开采 STEEM 系统，即构建了安全（Safety）—技术（Technology）—经济（Economy）—环境（Environment）—管理（Management）系统。应用散点图、相关分析、回归分析、模糊度隶属函数等相关方法，对煤炭科学开采的指标进行分析和判断，优化指标结构，建立了安全–技术–经济–环境–管理五位一体的煤炭科学开采指标体系。

（4）提出了煤炭科学开采评判的量化标准。以我国煤炭前 10 家大型企业为研究对象，界定煤炭科学开采标准范围，给出了煤炭科学开采五个子系统的不同年份下的不同标准值，以及煤炭科学开采 STEEM 系统综合发展水平值，形成完整的煤炭科学开采体系，为界定煤炭科学开采提供了量化依据。

对于煤炭科学开采的概念、系统指标的构建及评价的量化标准的研究，在一定程度上将促进煤炭行业的转型升级，促使煤炭开采从经验走向科学。

1.5 主要研究内容与思路

1.5.1 主要研究内容

本书将科学采矿定义划分为广义和狭义两种，并仅对狭义的科学采矿进行分析和评价，构建了狭义煤炭科学开采系统，即煤炭科学开采 STEEM 系统，系统示意图如图 1-16 所示，主要研究内容包括以下几个方面：

（1）围绕煤炭科学开采这一过程，分析了与开采直接相关的指标，将各子系统内的指标进行逐个分析，利用统计学原理计算变量之间的相关系数，以量化的形式说明了指标之间的关系，为简化煤炭科学开采系统提供了指标选择的依据。

（2）根据对煤炭科学开采的定义，结合煤炭开采的发展方向，增加了煤炭科学管理系统。在分析我国煤炭开采的制约条件及必要性后，提出了"安全系统、技术系统、经济系统、环境系统和管理系统"五位一体化的指标体系，构建了煤炭科学开采 STEEM 系统。

（3）从煤炭科学开采的宏观角度研究了 STEEM 各子系统间的协调度。进一步组织和调控系统之间的关系，寻求解决 STEEM 系统内部的矛盾，并使系统更加有序，达到协同状态，提高 STEEM 系统整体能力。

（4）根据相关性原理和协调度原理，统计并分析了我国煤炭企业前 10 家的相关指标，构建了煤炭科学开采的标准框架，并对该框架进行了量化，为我国煤炭科学开采的评判提供了量化依据。

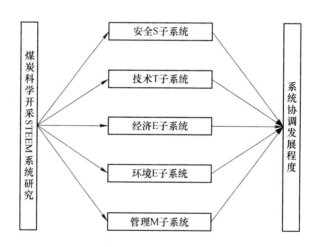

图 1-16　煤炭科学开采 STEEM 系统

1.5.2　研究思路

本书首先通过梳理科学采矿的相关概念，进一步明确科学采矿的概念，并将其划分为广义和狭义科学采矿，之后以狭义的科学采矿概念为主线，进一步阐述煤炭科学开采的内涵。通过相关性原理及散点图对选取的指标进行优化分析，从而构建出煤炭科学开采 STEEM 系统，利用综合评价法对 STEEM 系统进行评价，最终利用无量纲化、回归分析、模糊隶属度和协调论对 STEEM 的发展水平、协调系数、静态协调度和动态协调度进行计算。具体研究思路如图 1-17 所示。

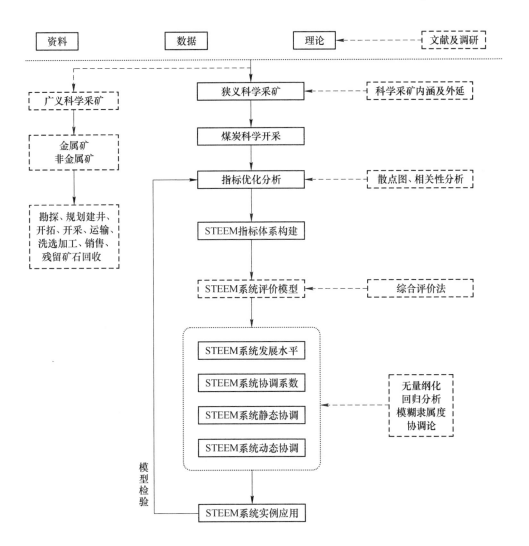

图 1-17 煤炭科学开采及 STEEM 系统的研究思路图

2 煤炭科学开采现状

煤炭开采方式大致可分为三种模式：传统开采模式，即粗放式开采；末端治理开采模式；科学开采模式。传统开采模式主要是以人类自身需求为中心，对开采破坏的生态环境不加以修复，换取自然资源，其基本特征是高开采、低利用、高排放，属于单一的线性开采模式，开采、加工、利用这一过程没有对废弃物做出任何处理，而是直接丢弃、排放进入大自然。这样导致了矿井服务年限缩短，安全事故频发，环境污染和生态破坏严重，不能实现可持续发展的煤炭开采模式。末端治理开采模式在煤炭开采过程中加大了机械化设备使用程度，通过一定的技术手段而提高煤炭回收率，对矿井灾害控制有一定的技术和管理措施，在煤炭利用过程中形成小循环，从而减少对生态环境的破坏。虽然此种开采模式资源回收率和利用率有所提高，也在一定程度上减少了对环境的破坏程度，但仍旧属于不完全良性的煤炭开采模式。科学开采模式是基于人与自然、经济、环境、组织管理、社会协调发展的开采模式。在科学开采概念的指导下，利用现代化高科技手段提高煤炭采出率和利用率，降低或消除安全事故的发生，减少对生态环境造成的破坏，体现煤炭的完全成本，使煤炭开采形成一个完全良性循环的大系统。但我国目前大多数矿区属于末端治理型开采模式，部分矿区依旧停留在传统开采模式，只有小部分大型矿区实现了煤炭的科学开采，形成了"两头小中间大"的格局。如何消除传统开采模式，转型末端治理型开采模式，大力发展煤炭科学开采已经成为我国煤炭开采亟待解决的问题。

2.1 国内外煤炭科学开采现状

2.1.1 国内煤炭科学开采现状

我国煤炭资源的开发与利用从可持续发展理论到循环经济学再到绿色开采，历经几十年的探索与讨论，但其理论并非完善，因此煤炭的科学开采理论体系应运而生，这一开采模式将有利于我国煤炭绿色矿山建设——绿色开采、生态绿化、土地复垦、清洁生产和产业链延伸。为此钱鸣高院士结合我国社会进步与煤炭开采现状，于2003年提出了煤矿绿色开采，2008年进一步提出了科学采矿的概念，为我国煤炭科学开采的发展指明了方向，如图2-1所示。

2003年钱鸣高院士在"煤矿绿色开采技术"一文中提出了绿色开采的概

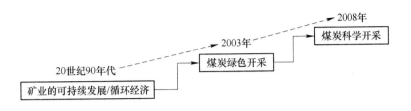

图 2-1　煤炭科学开采"三步走"

念，同时阐述了煤炭绿色开采的技术，意在尽可能地防止或减少煤炭开采对环境和其他资源的负面影响，兼顾经济效益与社会效益协调发展[15]。2007 年钱鸣高等人对绿色开采的概念和技术框架进行了完善，分别对减沉开采、煤与瓦斯共采、保水开采和矸石减排开采的技术体系及适用条件进行了研究，同时从经济与管理的角度出发，分析了煤炭绿色开采存在的困难，为我国不同矿区的绿色开采提出建议与措施[16,17]。2007 年龙如银教授从经济学与管理学的角度，以煤炭的市场失灵、政府失灵、企业行为动机及企业与政府的博弈四个方面为基础，论证了煤炭绿色开采动力不足的原因，并提出了绿色开采政策设计的路线[18]。2008 年黄庆享教授阐述了矿业的可持续发展和煤炭绿色开采的概念与内涵，从技术、经济和管理三个方面探讨了绿色开采存在的问题[19]。2009 年钱鸣高等人在《中国煤炭资源绿色开采研究现状与展望》中提出了"从点到面"实现煤炭绿色开采的内容：基础理论研究、关键技术研究、政府职责和国家法律法规研究[20]。2011 年杜祥琬院士分析了我国能源的现状、存在的问题和面临的挑战，提出了能源的科学、绿色、低碳战略，阐述了战略的基本内涵并给出 6 个子战略（包括传统能源与新能源），同时认为能源的科学发展是依赖于强有力的科技支撑，即基础性研究、技术创新、重大工程项目与战略性产业支持[21]。

2006 年，钱鸣高院士提出科学采矿（科学采煤）的概念，包括五个方面：煤炭生产机械化、煤炭生产与环境保护、矿井矸石与利用、煤矿安全生产和提高资源回收率，并从煤炭产业特征出发，讨论了煤炭产业链与资源型城市向经济型城市转换的问题[22]。

2008 年，钱鸣高、缪协兴、许家林等教授根据煤炭开采的负外部作用、煤炭产业特点以及我国能源发展战略趋势，全面阐述了科学采矿的理念，认为煤炭科学开采的技术体现在五个方面：机械化开采、保护环境、安全开采、提高采出率和降低成本[23]。

2008 年，郑爱华等人对煤炭科学开采完全成本作了进一步研究与分析，构建了科学采矿下的完全成本体系，包括：资源、安全、环境、发展和生产成本五个方面，确立了完全成本的保障机制[24]。

2010 年，钱鸣高院士在"煤炭的科学开采"一文中进一步解释说明了科学采矿的内涵，以及相关的技术支持。同年谢和平院士提出科学产能这一概念，科学产能是指在具有保证持续发展储量前提下，用科学、安全和环境友好的方法将煤炭资源最大限度采出的年度生产能力，并提出了我国煤炭向科学产能发展的战略部署和措施建议[25]。

2011 年，王家臣教授提出了科学采矿人才培养基本思路，认为科学开采的实现是依靠技术的进步和人才的培养，而对于煤炭人才的培养首先要培养其科学开采的意识、知识和技能，要培养复合型人才，不仅要能够从事煤炭的生产工作，而且还要了解矿业经济与管理相关知识[26]。

2012 年，河南理工大学李东印博士在"基于动态权重的煤炭资源科学采矿指数研究"项目中，对科学采矿内涵进行了进一步解释和完善，增加了智能化开采的指标结构，并构建科学采矿评价指标，研究科学采矿量化评价方法，用科学采矿指数（ScMC）和科学采矿等级（ScMR）从不同侧面反映矿井的科学采矿水平[27]。

2013 年，王家臣教授对煤炭科学开采的内涵给出了进一步的解释，他认为，实现煤炭科学开采的核心是支撑技术的发展和进步，如果没有技术进步，科学开采难以实现，指出近几年来我国在厚煤层开采技术、煤与瓦斯共采技术、大倾角开采、微生物复垦技术、岩层控制的充填技术等方面有了长足进展。他同时提出，工人的作业条件不但要安全还要舒适[28]。

2015 年，中国矿业大学（北京）王蕾博士在"煤炭科学开采系统协调度研究及应用"论文中进一步说明煤炭科学开采的定义和内涵，提出了反映煤炭科学开采内涵的 STEEM 系统，即：安全（Safety）—技术（Technology）—经济（Economy）—环境（Environment）—管理（Management）[29]。

2016 年，王家臣、刘峰、王蕾在《煤炭学报》上发表的"煤炭科学开采与开采科学"一文中，从安全生产、机械化或自动化开采、共伴生资源共同开采、保护环境、降低开采直接成本、资源利用最大化、科学规划等方面详细阐述了煤炭科学开采的基本要求。提出了我国实现煤炭科学开采需要从技术进步、思想观念、法律法规、基础研究与人才培养等方面入手；提出了煤炭开采今后需要在采矿开挖卸荷与偏应力作用、采动应力场动态变化、深部煤岩体的力学行为、煤岩柱的长期强度、采场的系统刚度等 10 个方面加强研究[30]。

2018 年，钱鸣高、许家林、王家臣教授在《煤炭学报》上发表的"再论煤炭的科学开采"一文中，从人与自然相处的三大学问"获取—使用—回归"出发，再次明确了科学采矿的内涵与框架，即煤炭科学开采的框架包括五个方面：安全开采、绿色开采、高效开采、节能低碳开采和经济开采[31]。

综上所述，不同时间段的科学采矿内涵及其支撑技术如图 2-2 所示。

时间	内涵	支撑技术
2003年 绿色开采的 提出	低开采 高利用 低排放	保水开采 离层注浆、充填开采 煤与瓦斯共采 煤层巷道支护技术与减少矸石排放技术 煤炭地下气化技术
2006年 绿色开采的 完善	生产机械化 生产与环境保护 矿井矸石与利用 煤矿安全生产 提高资源回收率	保水开采 离层注浆、充填开采 煤与瓦斯共采 巷道支护与少出矸石 煤炭地下气化技术
2008年 科学开采的 提出	高效开采 安全开采 绿色开采 提高资源采出率 经济开采	保水开采 土地复垦 煤与瓦斯共采 矸石利用 煤炭地下气化技术
2010年 科学开采 轮廓形成	高效开采 安全开采 绿色开采 提高资源采出率 完全成本 (科学产能)	保水开采 土地复垦 煤与瓦斯共采 矸石利用 煤炭地下气化技术
2011年 科学开采	高效开采 安全开采 绿色开采 节能开采	机械化数字化智能化技术 岩层控制技术 灾害防治技术 节能低碳技术
2012年 科学开采 评价体系	集约化高效开采 安全开采 绿色开采 提高资源采出率 合理成本开采 智能化开采	科学开采评价模型: 科学采矿指数(ScMC) 科学采矿等级(ScMR)
2013年 科学开采 完善	安全开采 机械化自动化开采 提高煤炭及伴生资源 采出率 环境承载能力、零排放 完全成本	厚煤层开采技术 煤与瓦斯共采技术 大倾角综采技术 岩层控制的充填开采技术 土地复垦、微生物复垦技术 采矿人才培养

图 2-2　我国煤炭科学开采进程

总体来说，科学采矿是基于可持续发展理论、循环经济理论和绿色开采理论发展而来的，但有其独自的行业特征，更适用于煤炭行业。科学采矿这一名词从提出到发展到完善不过短短十年，对于基础理论研究、支撑技术研究、人才培养等方面的研究已取得了初步的成果，但仍有许多问题需要我们进行更深层次的讨论与研究，如：科学采矿指标的选取与量化、科学采矿的标准、科学采矿下的科学管理、科学采矿的发展模式等问题。

2.1.2　国外煤炭科学开采现状

国外关于科学开采这一名词并没有明确出现在文献中，但对于"可持续开采（Sustainable Mining）"和"责任开采（Responsible Mining）"的概念有一定的解释。也与我国的科学开采有相似之处，即涉及社会群体、经济、环境、安全、资源利用效率等问题，但其着眼点在于资源与人类社会的和谐发展，以及与矿业开采、环境保护相关的法律法规的制定。

可持续发展的概念在 1987 年首次被定义，即："在保护环境的条件下既满足当代人的需求，又不损害后代人的需求的发展模式[32]。"社会、经济、环境协调发展是可持续发展的三大支柱。可持续发展的概念首次在矿业中提出是在 1992 年的里约峰会上，1993 年 Von Below 提出矿业可持续开采是通过不断的勘探、技术的革新以及环境的修复来实现的[33]。1995 年 Allan 在其发表的"未来的可持续开采"一文中提出，可持续开采的实现一方面指资源使用率不应超过新探明资源率，另一方面指的是开采所占用地不应该破坏空气、水、土地和生物群，在开采前就应对环境进行控制[34]。1999 年 James 进一步解释了可持续开采的内容，他认为可持续开采应包括社会、环境和经济三个方面。1999 年英国学者 Sarah J. Cowell 等人在"可持续性与开采行业：理论与实践"一文中利用两种不同角度——固定资本和机会成本理论——对开采行业的可持续性进行了理论与实际的分析，聚焦于固定资本理论的生态学家、工程师和一些科学家认为有限资源的耗竭是不可避免的，而机会成本理论则认为资源可以通过替代品、循环利用和技术的进步来扩展资源的生命周期，因此资源枯竭并非不可避免[35]。

2000 年 Hilson 和 Murck 为矿业公司提供了六点可供可持续开采的建议：（1）提升规划的重要性；（2）促进环境管理；（3）实施清洁技术；（4）增加利益相关者参与；（5）构建合作关系；（6）增加员工培训。

进入 21 世纪以来，国外对可持续开采也有一些争论，主要集中在不可再生资源是否可以实现真正意义的可持续发展。2005 年 Rajaram 认为矿产是不存在可持续开采的，这主要是因为短期的集中开采所带来的价值高于资源的长期开采。对此 Rajaram 还提出了对可持续开采的定义：平衡经济、环境和社会之间的关系时才能对矿产资源进行可持续开采，这三者的关系是一个"三角底线"。2007 年美国针对阿帕拉契亚地区露天煤矿开采展开争论，尽管该矿区提供了美国煤炭产量的7%，为当地创造了就业机会，但同时也破坏了当地的生态环境，超过800m的河流被填埋，到2012年为止，这种严重的环境破坏面积超过了美国特拉华州（费城）的面积，煤尘和岩粉污染了当地的水资源，影响了空气质量。也正是因为这一矛盾，"可持续开采"一词在矿业中有所争议，据统计，自1981年至2011年间，闭坑的主要原因有19项，如图2-3所示。

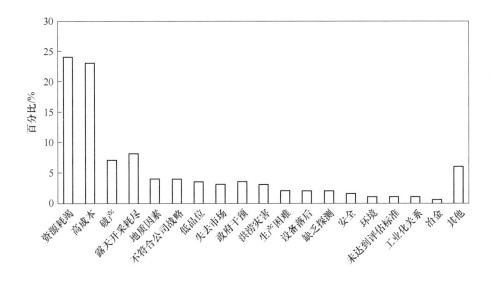

图2-3　国外主要闭坑/关井原因百分比

环境社会和经济三因素是制约发达国家可持续开采或者是责任开采的主要因素，根据统计分析显示，采矿带来的主要环境影响因素有14类，如图2-4所示，对社会及经济因素的影响有8类，如图2-5所示。

针对可持续开采是否能够实现的争论，2008年Jack A. Caldwell在其《矿业可持续发展：情况与展望》一书中阐明了矿业可持续发展的概念，将可持续发展分为学术上的和实际上的，他认为学术上的"可持续"一词就是保持无限的发展，这实际是扭曲了其本质的意思，他认为矿业真正的可持续发展是在矿产资源被开采后或者闭坑之后，利用先进的技术，使得矿工依旧可以依赖其土地生活[36]。2008年波兰人Wojciech Suwala讨论了煤炭行业可持续发展的模型，构建了煤炭供给平衡系统模型，该模型由煤炭供给和煤炭平衡组成，其有利于对波兰煤炭行业的发展进行理性规划[37]。2009年J. A. Botin主编的《采矿可持续开采管理》一书中阐述了矿业可持续发展的概念，应包括环境的可持续发展、经济的可持续发展和社会与文化的可持续发展，其中环境的可持续发展主要指自然资源有能力提供人类赖以生存的清洁的环境；经济的可持续发展是指保持或提升人们

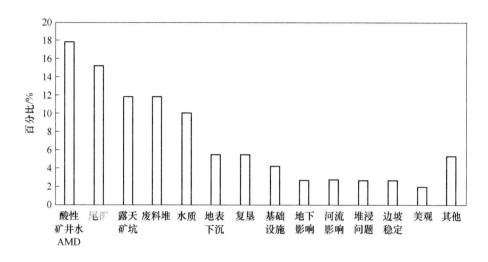

图 2-4　国外造成闭坑/关井的主要环境因素及其占比

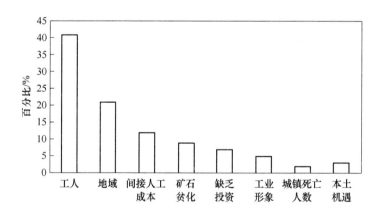

图 2-5　国外造成闭坑/关井的主要社会及经济因素及其占比

的生活水平，同时强调，以绿色 GDP 代替传统 GDP 来衡量经济的发展；社会与文化的可持续发展强调社会公正，即如何分配采矿带来的经济效益与责任[38]。2009 年 Laurence 和 Scoble 认为"三角底线"忽略了两个事实，第一是安全问题，第二是资源自身特征，对此提出了实现可持续开采的五个方面：经济、环境、效率、安全和共同体。可持续开采的实现必然是五个方面的协调发展，示意图见图 2-6。2012 年 Robert Goodland 认为在过去二十年间，煤炭行业一直以煤矿安全、环境修复和共同体关系三个方面来提升煤炭行业形象，但是却忽略了经济、社会和环境责任之间的关系，他认为，采矿是一个复杂的系统，如果不能做到技术、经济、环境和社会政治的协调发展，那么开采就不应进行，对此 Goodland 在《责任开采：资源开发的关键》中提出：不科学的采矿活动造成了社会成本的增加，责任采矿就是平衡经济、技术、环境和社会四个因素，而做到责任采矿包括了 8 个原则：（1）社会与环境的评价；（2）信息透明度；（3）项目验收；（4）农业生产多于矿业开采；（5）符合国际标准；（6）企业开采权资格预审；（7）保险；（8）特许权使用费[39]。

图 2-6 可持续开采协调发展示意图

总体来说，通过对国内外相关资料的整理可以看出，对比国内外科学开采的现状，其发展大致可以分为四个阶段，如图 2-7 所示。

图 2-7 国内外煤炭开采发展阶段

2.2 煤炭科学开采的基本定义

我国是世界上最早进行煤炭开采及利用的国家，1973 年辽宁新乐文化遗址出土的煤精制品把我国煤雕艺术提前了 7000 多年，也就是说，我国从新石器时代就已经利用煤炭了。煤炭的开采经历了从粗放开采、单一利用到集约开采、循环利用的过程，人类对煤炭开采和利用的认识也逐渐深入，在开采的同时也更多地关注了环境、人文、法规等方面的要求。而今，煤炭资源的开发已成为我国的主体能源和经济的保障，从客观角度看，煤炭的开采和清洁利用是一个循序渐进的过程，也遵循着事物发展的客观规律，是人类对发展规律、社会进步、环境保护、经济规律的逐步认识。随着我国的经济发展，我国更加重视经济发展下的资源支撑及资源安全，使资源对经济起到支撑的作用，而经济活动对资源开发起到保障作用；同时，随着我国技术发展水平的不断提升，机械化、自动化设备的应用，为煤炭资源开发提供了技术支撑的同时也提升了对生态环境的保护。

从上述表述中可以看出，煤炭科学开采系统的提出应包括哲学、工程学、经济学、计量学、资源经济学、生态环境学、管理学等相关学科，可以说煤炭科学开采是一个相对宏观的、复杂的、多学科的系统工程，其内涵也非常丰富。

本书以涵盖范围将科学采矿定义划分为广义（宏观）和狭义（微观）两方面，其区别在于：广义的科学采矿包括矿产资源的勘探、规划建井、开拓、开采、运输、洗选加工、销售、残留矿石回收八个方面，涉及金属矿与非金属矿；狭义的科学采矿特指煤炭的科学开采这一过程，仅涉及和开采相关的安全生产、机械化程度、技术水平、回采率、环境保护、完全成本等方面。无论广义还是狭义的科学采矿都是一个包含安全、技术、经济、环境和管理五位一体的科学体系。

具体来说，广义的科学采矿是指以矿产资源的可持续开发利用为目标，构建矿产资源的安全、高效、绿色的发展道路，使资源、经济、环境、社会协调发展，为经济稳步增长提供支撑。

狭义的科学采矿，即煤炭科学开采是指以安全生产为前提，以绿色开采技术为支撑，以机械化、自动化和科学管理为手段，以企业效益为衡量依据，以提高资源回采率、减少对矿区周边环境影响为目标的开采体系。

从时间方面对科学采矿进行划分，可分为"科学采矿"与"后科学采矿"。对于煤炭资源来说，没有绝对的、完全的可持续开采，资源随着时间的推移必定会枯竭，一旦煤炭资源型城市矿产资源枯竭，那么如何处置矿区土地与保持居民生活水平？因此，本书提出"后科学采矿"的概念。所谓后科学采矿就是由于科学采矿时期所采用先进的技术，当矿产资源枯竭后，当地居民的生存状况和生活水平能保持甚至高出之前时期，并不受到闭坑或关井的影响，如图 2-8 所示。

总体来说，科学采矿可按范围和时间划分，如图 2-9 所示。

按不同范围和时间划分的科学采矿定义，都有着其各自的内涵，本书所研究

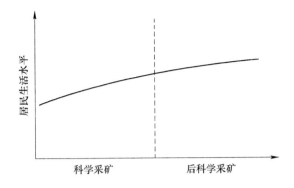

图 2-8 科学采矿与后科学采矿示意图

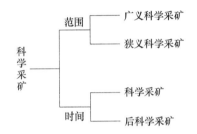

图 2-9 科学采矿定义分类

的科学采矿是狭义上的概念，即煤炭科学开采，其具体内涵如下：

（1）安全生产。煤矿的安全生产指的是，井下作业人员不受到伤害、职业病和死亡的威胁，同时不造成设备损坏。从以人为本出发，把井下作业人员的安全放在首要位置，一切以保障作业人员安全为基础，兼顾人、设备和矿井自然环境。其本质是降低百万吨死亡率。

煤炭科学开采前提是矿井的安全生产，不能保障矿井的安全性是不能称之为科学开采的，这是首要条件。构建本质安全型矿井是矿井安全质量标准化工作的需求。从科学开采的角度去要求煤炭的安全开采，要满足几点：第一，严格遵循国家安全生产相关的法律法规和操作规程，减少安全隐患，避免事故发生；第二，不断完善和更新现有的安全标准，利用标准的普遍性杜绝安全漏洞；第三，全体员工的安全教育与培训，从根本上加强人员的安全意识，了解更多的安全知识、自救办法，提升全员综合素质，避免人为失误造成的安全事故。最终目标是使主要安全生产指标达到或接近国际先进采煤国家水平，或者煤炭开采的安全状况好于或者接近全国其他基础行业的安全状况[28]。

（2）绿色、高效开采技术。科学技术是第一生产力。在煤炭的科学开采过程中技术也具有同样的重要性，也可以说煤炭的绿色、高效开采技术为科学开采的实现起到支撑作用。开采技术的进步，可以对自然灾害进行监测与防控，保障井下作业人员的人身安全；可以提高煤炭采出率，减少对资源的浪费，同时增加经济效益；可以减少因开采带来的环境影响，控制地表沉降，对环境进行修复和治理。

以煤炭绿色开采技术为支撑体系，科学合理地开采和利用煤炭和伴生资源，最大限度地协调资源、安全、环境的关系，提高煤炭采出率，将伴生资源视为独立资源加以利用，同时要利用技术的进步来促进产业链的延伸，调整产业结构，促进循环经济的发展。在煤炭科学开采下的技术支撑体系可以包括：生产技术和环保技术两大类。生产技术是指，为了提高煤炭采出率，预防和控制煤炭事故的相关技术，如特厚煤层放顶煤技术、煤与瓦斯共采技术、大倾角开采技术等；环保技术是指，防止地表下沉、水土流失、沙漠化和采煤废水排放的相关控制技术，如充填开采技术、土地复垦和微生物技术等。这两类技术是相辅相成的，而非独立的。

（3）机械化、自动化程度。我国煤炭机械化可以分为普通机械化采煤、高档普通机械化采煤和综合机械化采煤三个阶段，从设备引进与研发来看大致可以分为四个阶段：探索阶段、扩大引进与调试阶段、国产化与自主化阶段和自主引进与联合研发阶段。目前我国综合机械化采煤程度超过75%，但依旧低于世界其他采煤先进国家（95% ~ 100%）。

机械化、自动化和智能化的发展，不仅提高了全员工作效率，提高作业人员安全系数的同时，还使井下作业人员的工作环境变得舒适。提高煤炭生产机械化、自动化水平，不仅要依靠硬实力的提升，如千万吨级综采成套设备、煤巷快速掘进设备、辅助运输设备等，还要提升软科学的应用，如煤炭物联网技术、信息网络自动化系统、企业信息管理系统等技术，必须加快煤炭行业工业化、信息化的"两化"融合。

（4）反映真实的煤炭完全成本。煤炭的完全成本即煤炭的真实成本。煤炭财务成本核算体系中，大多为相关煤炭的直接成本而忽略了煤炭的间接成本，也就是说，并没有将煤炭外部环境成本内部化，因此煤炭完全成本的本质是将外部成本内部化。尤其是在煤炭开采过程中环境破坏造成的负外部效应需要计算在煤炭成本中。

煤炭开采是国家主要税收来源之一，同时由于煤炭地下开采的特殊性，安全投入大，加之大面积开采占地和村庄搬迁、用人多等，导致煤炭开采过程中税赋、安全投入、占地、人工等费用高，这也是区别其他行业的主要差别之一，使我国煤炭开采成本高于周边甚至全世界其他国家。通过开发先进的开采技术与装备，降低煤炭开采直接成本，提高劳动效率，改善作业条件势在必行。

　　煤矿企业实行煤炭开采完全成本，增加工资成本，以体现行业特点和煤炭的真实价值，为煤炭价格确定、维持煤炭合理价格提供坚实基础。煤炭开采在破坏环境、安全风险和作业条件差等方面的特殊性，煤炭开采成本中需计入环境修复、工人安全风险等方面的成本，增加行业职工工资。

　　（5）实现产业循环经济和零排放，资源利用最大化。传统意义上的煤炭开采废弃物，如煤矸石、瓦斯、矿井水、风热等，同时也是开采的副产品，也是宝贵的资源，延伸产业链、充分利用煤炭开采的副产品，实现大系统的零排放。

　　（6）科学开采人才培养。按照煤炭科学开采定义，煤炭科学开采人才培养是指具有煤炭资源开采的系统理论知识与相关技术技能；了解煤炭及伴生资源的成因、用途及经济价值；具有煤矿开采的外部效应及减少和修复负外部效应的知识；掌握一定的煤炭资源开采及矿区建设的经济评价知识，能够从事煤矿行业生产、管理、设计、技术研发与经营的专业人才[26]。

　　对于煤炭科学开采人才的培养要分层次进行，不局限于培养仅与开采工艺直接相关的知识，而是制定大系统、大环境的人才培养计划，以工程理论为基础，深入对采矿基础知识的了解，同时学习和矿业经济、资源环境、企业管理相关的知识，培养全面性、多层次的人才，适用于煤炭企业，也适用于其他矿业的通用型人才。

2.3　我国煤炭行业存在的问题

2.3.1　安全压力大

　　经历了"十一五"的发展，我国煤矿安全状况有了较大改善，由"十一五"第一年的3306起事故下降至第五年的1403起，降低为原来的42.4%，死亡人数也从5983人下降至2433人，降低为原来的41%，煤矿百万吨死亡率也由2.811降为0.749，降低为原来的27%。图2-10为我国2002～2017年煤炭产量与百万吨死亡率，呈现反比例关系。

　　尽管我国煤矿生产安全状况的改善有目共睹，全国煤矿事故死亡人数由最高的2001年的6995人下降到2010年的2433人，2016年降至538人，煤炭百万吨死亡率由5.70下降到0.749，2016年降至0.15，但同世界主要采煤先进国家相比差距仍十分明显，作为评价安全状况最重要的指标——煤矿百万吨死亡率，仍超过先进国家的十倍。各地安全状况由于地区条件相差较大而变化很大。我国南方采煤落后地区的煤矿百万吨死亡率超出了条件较好的中北、西北地区的25倍。在2005～2010年间，乡镇煤矿与国有重点煤矿的百万吨死亡率分别为1.417和0.289，国有重点煤矿只有乡镇煤矿的百万吨死亡率的1/5。从上述统计数据可知，国内煤矿生产的安全状况在不断改善，但形式仍然不容乐观，在国内各地区煤矿发展不均衡的情况下差别巨大，煤矿安全状况进一步改善的任务迫在眉睫。长久以来，如何既有效地控制煤矿伤亡人数，又满足国家对煤炭资源的大量需求，是煤炭科研工作者长期攻坚的方向。我国煤矿仍需将百万吨死亡率持续降低，减少伤亡人数，才能保证我国煤炭安全状况跨入世界先进行列[28]。

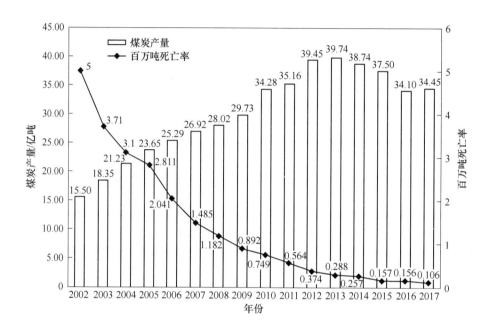

图 2-10　我国煤炭产量与百万吨死亡率

2.3.2　井工矿比例大，资源回收率低

煤炭采出率（也称回收率）一直是困扰我国煤炭开采的核心问题之一，由于开采条件、开采方法、资源勘探程度、储量等级等差异，导致我国煤炭开采的采出率不稳定，各个矿区有较大差异，就全国范围内保守估计，采出率不足井田储量的50%。世界主要煤炭的生产国之中，产量较大的均为露天开采，如美国、加拿大、澳大利亚、德国、俄罗斯、印度等国，煤炭产量的60%～80%来自于露天开采。同井工开采相比，煤炭露天开采具有机械化水平高、安全性好、产量大等优点。相比于世界主要产煤国家，我国煤炭资源受地质开采条件的制约，井工开采占据了主导地位，只有极少量的煤炭资源可供露天开采，仅占我国煤炭产量的10%左右，这使得我国相比于其他采煤先进国家，无论在开采难度还是矿井数目方面，都存在着明显的劣势[40,41]，如表2-1所示。

表 2-1 世界主要产煤国地下开采的产量占全部煤炭产量百分比

序　号	国　家	产量比/%
1	中国	90
2	美国	40
3	加拿大	9
4	澳大利亚	30
5	南非	50
6	俄罗斯	38
7	印度	38

有关调查显示，我国煤炭采出率普遍偏低，只有大约40%。而在世界上的采煤先进国家中，通常达到60%以上，有的国家甚至能达到70%~80%。煤炭采出率在国有煤矿中一般为50%，有的能够略高至60%，在小煤矿中，煤炭采出率则低至15%~20%。这主要是由于采煤方法落后，煤炭采出率低是不法采煤的直接结果；为了牟取最大利益，非国营煤矿经常挑肥拣瘦，浪费了大量不可再生的煤炭资源；乡镇煤炭企业中，资源浪费情况十分严重，采出率极为低下；相关法律制度和监督机制都不完备，这亦是导致国内煤炭采出率低的重要因素[42]。

同时伴生的瓦斯资源、水资源等采出和利用率也偏低。化石能源（资源）是地球在数千万年以前形成的宝贵资源，最大限度地采出、利用和节约是人类必须面对的课题。

2.3.3　生产规模持续扩张，产能过剩，风险承担能力差

近10年来，我国煤炭产量以每年约2亿吨的速度增长，以满足快速发展的国民经济需求[43,44]。在此期间，我国采煤技术取得了一系列的突破，同时建设了一批国内领先且世界一流的高产高效矿井。但目前在我国煤炭产量增长中，多数产量的增长是依赖于高耗能产业的刺激，只有少数产量增长是通过技术进步获得的。同时，一些煤矿超能力开采，并未考虑煤炭赋存条件，以及是否具备相应的技术水平。根据国务院7号文《关于煤炭行业化解过剩产能实现脱困发展的意见》指导，2016年全国淘汰落后产能、化解过剩产能超过了2.9亿吨，仅山西省即退出煤炭产能2325万吨，如图2-11所示。

国内南方煤矿因地质条件复杂，死亡人数占全国一半以上，而煤炭产量仅为全国的1/6，在地质及生产技术条件比较好的北方9省，死亡人数仅占

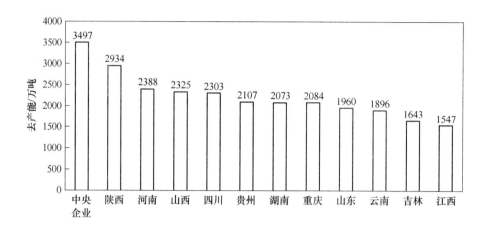

图2-11　2016年去煤炭产能1500万吨以上的省份

全国的1/4，产量却超过了全国产量的65%。目前，大规模的产能已经转移到我国生态条件最为脆弱的西北地区，由此带来了大量生态环境问题。伴随着近年来煤矿的超强度开采，煤炭产出区出现了一系列棘手的社会问题。煤矿安全状况差、环境严重破坏是煤炭超负荷开采的必然结果，最终将毁坏煤炭行业整体形象，使得人才难以汇聚。从2012年起，国内煤炭行业发展进入了"严冬"，增长趋缓的宏观经济、治理雾霾、煤炭下游需求不振都约束了煤炭需求的增长空间。在众多因素中，制约当前煤炭行业发展最重要因素就是产能过剩，煤炭价格大幅降低就是产能和需求不匹配产生的直接结果。另外，煤炭企业为新增产能而背负了大量银行贷款，使得自身的财务压力和资金压力相当大。

同时世界经济大环境的变化，以及我国煤炭行业自身的变化，煤炭行业的黄金时代已经结束，从而进入低谷时期，如果煤炭企业以扩大规模为生产模式，不利用科学的方法进行规划和评估，只是一味的产能扩张，在当前的大环境下，不仅不能够为企业降低煤炭单位生产成本，提高企业利润，反而会造成产能过剩，煤炭积压。与此同时，我国煤炭企业海外投资进入瓶颈期，部分企业海外投资项目亏损，这一方面是由于大环境低迷，另一方面也说明我国煤炭企业不重视前期评估与规划。2014年某煤炭企业海外控股子公司税后利润亏损46亿元，这其中一部分原因是企业不科学、无计划地进行持续扩张。

煤炭企业困难问题还较为突出。自2012年下半年至2016年下半年，持续4年的煤炭经济下行，煤炭企业拖欠职工工资、社保基金、税费以及采掘工程和设备更新等问题突出；企业债务总额高，还贷、还息、倒贷等压力大；企业办社会职能、"三供一业"等向地方移交仍然面临较大困难；煤矿职工工资不升反降的问题企业依然存在；虽然煤炭行业盈利水平提高，但多数企业依然较为困难，煤炭企业经营与矿区稳定的压力依然存在。

去产能煤矿职工安置任务越来越重，配套资金不到位，地方提供的公益性岗位少；去产能煤矿资产、债务处置政策不明确，多数企业贷款由集团公司统贷统还，随着去产能煤矿关闭数量增加，集团公司债务越来越重，经营风险加大。

2.3.4 水资源分布不均，破坏程度大，地表沉降

水资源与煤炭资源逆向分布。截至 2016 年中国水资源总量为 3.24 万亿立方米，其中地表水 3.12 万亿立方米，地下水 0.12 万亿立方米，但是水资源分布不均，南北差异较大，长江流域及其以南地区水资源量占全国的 81%，淮河流域及其以北地区的水资源量仅占全国水资源总量的 19%。而我国煤炭分布呈现西多东少、北多南少，恰恰与水资源分布相反。按照国际公认的标准，人均水资源低于 $3000m^3$ 为轻度缺水；人均水资源低于 $2000m^3$ 为中度缺水；人均水资源低于 $1000m^3$ 为严重缺水；人均水资源低于 $500m^3$ 为极度缺水。中国目前有 16 个省（区、市）人均水资源量（不包括过境水）低于严重缺水线，有 6 个省、区（宁夏、河北、山东、河南、山西、江苏）人均水资源量低于 $500m^3$。

我国水资源时空分布不均，从总体来看，夏秋季多、冬春季少，南多北少。西藏、广西、广东、湖南、江西、四川等南方地区为水资源比较丰富的省份，而在河北、山东、山西、河南等中北部地区，特别在陕西、甘肃、宁夏等西北地区，水资源量均极为匮乏。根据国家统计局的数据显示，2007～2016年的统计数据表明，我国人均水资源量只有大约 $2000m^3$，截至 2016 年，我国水资源总量为 32466.4 亿立方米，人均水资源量为 $2354.9m^3$[45]。图 2-12、图 2-13 为我国 2007～2016 年水资源总量、地表水资源量及地下水资源量和人均水资源占有量。

据统计，我国缺水矿区占全国 96 个重点矿区中的比例为 71%。煤炭开采导致原有的岩体平衡破坏，并引起大范围岩层移动，形成裂隙场、引起地面沉降，又直接影响地下水系的渗漏、流动。煤炭开采是对地下水的疏干过程，造成大量水土流失，特别是对缺水的干旱地区生态影响较大[46]。同时，煤炭开采过程还需要使用大量的地表水和地下水，这也会严重影响当地的生态系统。保护水资源对于缺水地区来讲是煤炭开采中的关键问题[47]。因煤矿开采导致的地下水排放量约 80 亿立方米，而利用率却只有 25% 左右。矿区内的沉降区会引起供电设施、通信线路、上下水管线、道路、铁路、堤坝和建筑物等受到破坏。

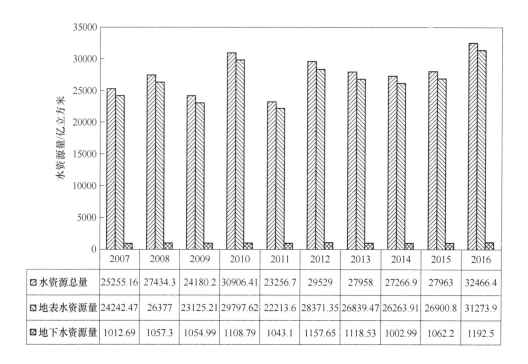

	2007	2008	2009	2010	2011	2012	2013	2014	2015	2016
▨ 水资源总量	25255.16	27434.3	24180.2	30906.41	23256.7	29529	27958	27266.9	27963	32466.4
▨ 地表水资源量	24242.47	26377	23125.21	29797.62	22213.6	28371.35	26839.47	26263.91	26900.8	31273.9
▨ 地下水资源量	1012.69	1057.3	1054.99	1108.79	1043.1	1157.65	1118.53	1002.99	1062.2	1192.5

图 2-12　我国 2007～2016 年水资源总量、地表水资源量及地下水资源量

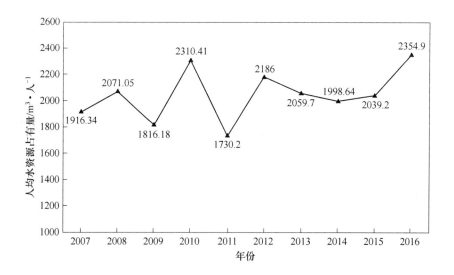

图 2-13　我国 2007～2016 年人均水资源占有量

2.3.5 环境修复与再造能力弱

开采破坏地球的原始环境是勿庸置疑的，由于煤矿（资源）开采造成地表塌陷、植被破坏、地下与地表水流失、河流和大气污染等是社会对开采行业颇多微词的原因之一，但是这些破坏又是不可避免的。同时生态、环境、地下水等经过一定时间可以实现全部或局部的自修复，开采就要最大限度地减少对环境等的破坏，并利用自修复特性和人工干预对环境进行保护和修复。

在煤矿露天开采中，需要剥离煤层上方及四周的植物、表土与岩石，这样就导致土地及其植被的直接破坏。剥离的大量的矿石及废石，使得原有的地形地貌被强烈改变，导致自然景观的破坏。井工开采的煤矿会导致矿区出现地表沉降，其中部分沉陷区积水毁坏了原有的耕地，同时造成山地滑坡及环境污染，自然景观的毁坏，地下水位下降、水资源流失，甚至造成河流改道。煤炭开采的副产品煤矸石山既占压了土地，还会污染环境，较大破坏了人类生存环境，极大威胁到人类的生存。如土壤质量降低、碱性增强，这些都破坏了表土层的活性。因此，修复矿区的生态环境已成为我国需要完成的主要任务，这也与绿色矿山建设和生态文明建设的成败关联甚密。

针对煤炭开采造成的环境破坏，早在20世纪初国外已经开始了对生态环境的修复工作，无论法规、监管机制还是修复技术等方面，都获得了大量的经验以及成功的案例。我国在矿区生态修复的实践中也逐渐形成了平整法、充填法、挖深垫浅法、疏排法等采煤沉陷地修复技术[48~52]。而西部地区是我国煤炭资源的主要赋存地，随着煤炭资源的大规模开发利用，环境污染与生态问题日渐突出。随着我国产煤中心西移，本身只适用于东部矿区的沉陷修复技术已难以适应生态较为脆弱的西部地区。西部煤矿地质环境恢复和综合治理初步形成了"新老煤矿地表生态修复统筹解决的新局面"，一部分是遗留矿山地质环境的治理恢复问题，另一部分是现有生产煤矿的地质环境保护制度建设问题。煤炭资源开发过程中排放的固体废弃物，加剧了土地资源和地貌景观的破坏，污染了矿区周边土壤环境；由煤炭开采移动土石扰动表土造成的地表塌陷、植被破坏等问题，加剧了地表裸露和土壤侵蚀，加大了土地旱化和沙漠化面积，因此对地表生态进行修复显得格外重要，寻求新的矿区沉陷修复技术，使其适用于我国西部矿区，这已成为我国下一步的主要工作。

2.3.6 煤炭消费弹性系数偏高

能源消费弹性系数主要用于反映能源与经济增长之间的关系，可用公式表示为：

能源消费弹性系数 = 能源消费量年均增长速度/国民经济年均增长速度

$$(2-1)$$

煤炭消费弹性系数计算结果是基于公式（2-1）得出的，计算公式可表示为：

煤炭消费弹性系数 = 煤炭消费量年均增长速度/国民经济年均增长速度

$$(2-2)$$

一般来说，发展中国家在发展初级阶段的能源利用效率比较低，所以其能源消费弹性系数往往大于或接近1，而发达国家的能源消费弹性系数一般不超过0.5。

弹性系数越小，说明在产出增长一定的前提下消耗的能源越少。在短期内，由于各种经济技术条件的变化不会很大，各种产品和经济活动所消耗的能量变化很小，能源消费弹性系数一般应接近于1。在不同的经济发展时期能源消费弹性系数不同。在工业化初期，由于耗能多的重工业特别是钢铁工业、化学工业迅速发展，加之能源利用技术落后，因此能源消耗的增长速度比国民经济增长速度快，能源消费弹性系数一般都大于1。工业化中后期，由于生产力的发展和科学技术的进步，产业结构和技术结构随之变化，原来耗能多的比重相对下降，同时能源利用率普遍提高，因此能源消费弹性系数逐步下降。2005～2015年中国能源消费弹性系数与煤炭消费弹性系数比较见图2-14。

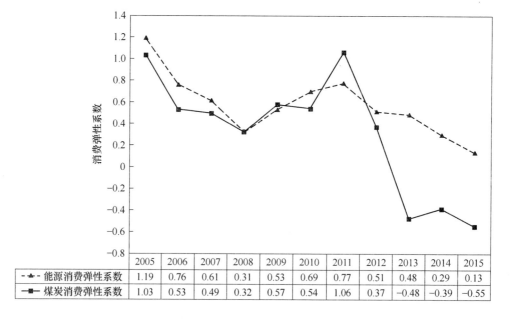

	2005	2006	2007	2008	2009	2010	2011	2012	2013	2014	2015
能源消费弹性系数	1.19	0.76	0.61	0.31	0.53	0.69	0.77	0.51	0.48	0.29	0.13
煤炭消费弹性系数	1.03	0.53	0.49	0.32	0.57	0.54	1.06	0.37	-0.48	-0.39	-0.55

图 2-14　2005～2015 年中国能源消费弹性系数与煤炭消费弹性系数比较

从计算结果分析可得，2005～2015 年间，我国能源消费弹性系数成折线式下降；而煤炭消费弹性系数从 2005～2010 年间呈总体下降趋势，2010～2011 年系数出现短期增长，但自 2011 年，煤炭消费弹性系数出现大幅度下降，2013 ~ 2015 年均呈现负系数。

2.3.7 碳减排压力大

能源的消耗带动了经济的增长，但能源的负外部性也随之增长，全球温室效应不断上升，环境问题受到的关注越来越多。国际能源署的数据显示，目前每年与能源有关的 CO_2 排放量为 280 亿吨，其中 41.8% 来自煤炭（约 117 亿吨）。从地区来看，中国的二氧化碳排放量占全球的 28%，如图 2-15 所示。由于能源分布不均，不同区域的二氧化碳排放量也不同。全球排放量的 2/3 以上来自图 2-16 中所列的十个国家，中国和美国的排放量总和（14.3GtCO₂）远远超出其他国家。

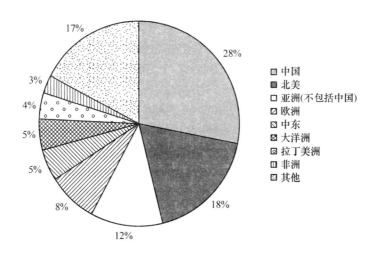

图 2-15　世界不同地区二氧化碳排放量占比

由于能源分布不同，世界人均排放量不同，如图 2-17 所示。从印度的 1.6t 二氧化碳到中国的 6.7t 二氧化碳，再到美国的 16.2t 二氧化碳，这主要由于工业化原因，工业化发达国家的人均二氧化碳排放量远高于发展中国家，而非洲是全球二氧化碳排放量最低的地区。

从 1990 年至 2015 年，全球人均碳排放量增加 16%，但排放量前五国家的排放量趋势与之相反，总体差异性在减小。中国的排放总量增加了两倍多，而印度则增加了一倍多，这反映了 GDP 的强势增长。相反地，俄罗斯（-30%）和美国（-16%）的人均排放量显著下降。排放量排名前五的国家，在 1990 年至 2014 年间单位 GDP 碳排放量呈现下降趋势，这一趋势在中国和俄罗斯最为明显。

为积极应对全球气候变化，2016 年 4 月《巴黎气候协定》正式签署，为

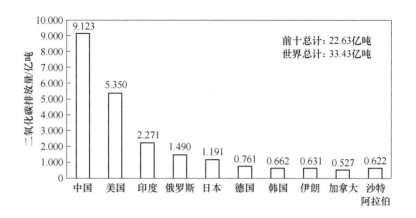

图 2-16 二氧化碳排放量前十国家

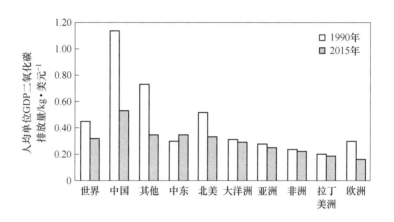

图 2-17 1990 年和 2015 年世界主要国家人均单位 GDP 二氧化碳排放量

2020 年后全球应对气候变化行动作出安排，2016 年 9 月我国正式加入。按照我国"十三五"能源发展政策，在 2020 年实现能源消费总量控制在 50 亿吨左右；2016～2020 年期间单位 GDP 能源消费量下降 15%；2016～2020 年期间，单位 GDP 二氧化碳排放量下降 18%，2030 年二氧化碳排放量达峰值；2020 年和 2030 年非化石能源消费量在能源消费总量中占比达到 15% 和 20%。目前，煤炭利用排放的二氧化碳占我国碳排放总量的 80% 左右。二氧化碳排放的快速增长，对我国以煤为主的能源消费结构提出了严峻挑战，煤炭开发与利用将面临巨大的国际碳减排压力，这需要通过技术的提升来达到碳减排的效果，我国目前已经在此方面进行了研究与实践，例如：大型煤气化、间接液化技术与装备相继进行示范和投入工业化运行。煤制天然气工艺技术成熟，大部分生产设备已实现国产化。

新一代煤粉锅炉技术性能指标进一步提高，达到或超过燃气标准。超低排放燃煤发电技术示范应用成效显著，实现超低（近零）排放。虽然已经取得了一定的成绩，但为了继续使用煤炭资源，使得煤炭资源清洁化和低碳化利用，最大限度地提高煤炭能源的利用效率，减少污染物及温室气体排放量，依旧需要不断进行深入的研究。

2.4 煤炭科学开采的制约条件

煤炭科学开采与洁净利用是我国煤炭行业近年来的主要攻关方向，也是煤炭行业未来发展的战略方向，但是目前煤炭开采和洁净利用方式还没有达到预期的目标。从我国煤炭资源的开采现状来看，我国煤炭开采行业提供了我国70%的能源，是我国工业和经济的基础，但是同时也有较大的负外部效应，尤其对环境的破坏较大。因此，深化煤炭科学开采这一概念与开采技术，实现集约化、生态文明和绿色与低碳发展的开采模式是实现我国煤炭产业健康、可持续发展的必由之路。目前，煤炭科学开采的实现存在以下几点制约条件。

2.4.1 煤炭资源开发布局不均衡，产能利用率偏低

我国煤炭资源分布不均，呈现"北多南少、西多东少"的特点，煤炭资源的分布与消费区分布极不协调，如图 2-18 所示。

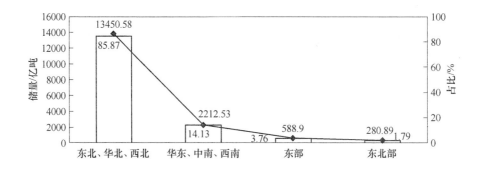

图 2-18 煤炭资源查明储量与占比

从南北分布看，东北、华北和西北三个地区煤炭储量 13450.58 亿吨，占 85.87%；华东、中南和西南地区储量 2212.53 亿吨，占 14.13%，如图 2-19 所示。

查明资源储量前 10 位的省（区）有内蒙古（26.24%）、新疆（24.09%）、山西（17.3%）、陕西（10.28%）、贵州（4.18%）、河南（2.21%）、云南（2.14%）、宁夏（2.09%）、甘肃（2%）、安徽（1.91%），合计 14478.41 亿吨，占全国的 92.44%，如图 2-20 所示。

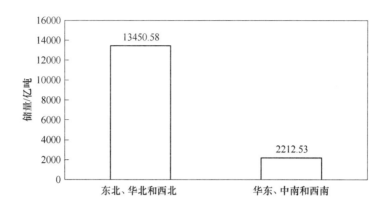

图 2-19　南北分布的煤炭储量

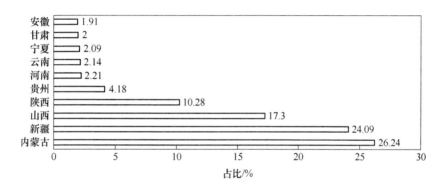

图 2-20　查明资源储量前 10 位的省（区）

　　煤矿产能西多东少，但开发强度东高西低。根据国家能源局数据，截至 2016年年底核准（核定）的煤矿生产能力为 34.5 亿吨（不含在建矿井和手续不全矿井产能），如图 2-21 所示。

　　产能利用率西高东低。按公布煤矿产能计算，中国煤炭产能利用率 97.50%（如果将在建矿井和手续不全矿井产能包括在内，产能约 47 亿吨，产能利用率仅71.57%）。其中：西部地区产能利用率 112.92%、中部地区产能利用率84.71%、东部地区产能利用率 83.75%、东北地区产能利用率 63.95%。产能利用率从西部到东部逐渐降低，尤其是西部地区，利用 49.37% 的公布产能贡献了57.18% 的煤炭产量，如图 2-22 所示。

　　煤炭产量比例与储量比例不平衡。根据国家统计局公布的数据，2016 年中国煤炭产量 33.64 亿吨。西部地区煤炭产量比例低于资源储量比例，中部、东部和东北地区煤炭产量比例高于资源储量比例。分省份看，煤炭产量前 5 名的分别

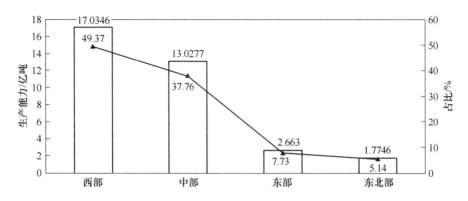

图 2-21 2016 年我国煤矿生产能力（按地域分布）

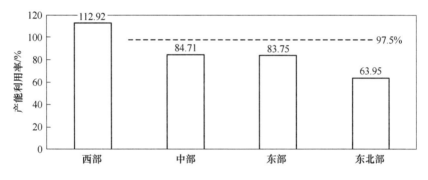

图 2-22 我国煤炭产能利用率

是内蒙古 8.38 亿吨、山西 8.17 亿吨、陕西 5.12 亿吨、贵州 1.67 亿吨、新疆 1.58 亿吨，合计占全国煤炭产量的 74.05%。从以上分析看出，新疆拥有丰富的煤炭资源，但煤矿产能和产量均相对较低，说明下一步开发潜力大，如图 2-23 所示。

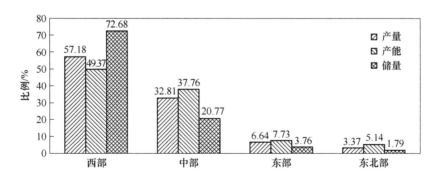

图 2-23 我国煤炭资源产量、产能和储量比例

2.4.2　开采条件复杂,难度大

我国煤田地质条件同世界主要产煤国家相比较为复杂,影响开采安全的地质因素较多。我国有晋陕蒙宁甘区、华东区、东北区、中南区和新疆五大产煤区域。晋陕蒙宁甘区资源丰富,煤种齐全,以厚煤层为主,构造条件、水文条件、煤系构造变形相对简单,煤层连续性好,埋藏浅,但是水资源匮乏,生态环境脆弱。华东地区煤层埋深大,表土层厚,构造变形比较强烈,顶板稳定性较差,且主力矿区已进入开发中后期,皆转入深部开采,面临严重的地热问题。东北地区属于老工业区,资源储量与产量不断下降,煤层顶板的稳定性较差,高瓦斯矿井多,正断层比较发育,煤层易自燃,易发生地下煤矿火灾,且随着深部开采的增加,同样面临地热和冲击矿压等问题。中南地区煤层不稳定、构造复杂、产状变化剧烈,区域差异大,多元地质灾害威胁严重。新疆地区煤炭资源丰富,但勘探开发程度较低,运输条件不足,是国家中长期规划的储备开发区,开采条件相对简单,但是生态环境脆弱,易造成生态破坏。

井下瓦斯一直以来都是影响安全生产的主要因素,用来评价煤层开采技术条件的主要参数中就包括煤矿瓦斯等级、煤与瓦斯突出可能性[53]。国内地质科研工作者曾对25个省区1799个矿井资料做出统计,高瓦斯矿井和煤与瓦斯突出矿井共计735处,占统计矿井的41%,其中高瓦斯矿井486处,煤与瓦斯突出矿井249处,由此可见我国煤矿受瓦斯影响的较多。随着煤矿开采深度的增加,我国高、突矿井的比例还会继续增加[54]。国内矿井煤与瓦斯突出还存在着始突深度浅、强度大、次数多的特点。

2.4.3　煤炭开采技术与装备不协调

改革开放以来,特别是在近10年,我国煤炭开采技术与装备水平都有着明显提高,突破了很多技术难题,如煤层厚度3.5~8.8m的大采高综采技术、煤层厚度10m以上的大采高综放开采技术以及短壁机械化开采技术等。同时建设了一批年生产能力达千万吨的矿井,具有现代化水平的煤炭开采技术与装备体系已经初步形成,该体系包括:适用于多种开采条件的智能化、可靠性高的煤机装备;能够适应工作面快速搬家要求不同能力的支架搬运车;能够适应大断面巷道快速掘进的大功率掘进机和连采机;能够实现工作面装备智能控制的液压支架电液控制系统。

取得令世人瞩目成就的同时,在经济相对落后的乡镇煤矿,还在大量雇佣工资低廉的农民工,使得这些矿井的机械化难以发展。在地质条件复杂的南方十省,研发适用于复杂地质条件的开采配套设备已成为目前最为主要的任务,否则矿井现代化难以实现。我国要实现煤炭科学开采,需要研究开发以下技术装备:

（1）研发能够适应高强度开采工作面相应的装备智能化技术，从而使煤机装备的自动控制成为现实，无人化工作面将成为今后主要的发展方向；（2）重点研究能够大幅增强工作面成套装备系统可靠性的综合技术；（3）在前人基础上研究高强度开采条件下围岩活动规律，以实现我国高强度采煤条件下的高效开采、安全开采、绿色开采[55,56]。

2.4.4 人才缺乏，受教育程度不高

当今社会是技术融合与社会协调、系统发展的社会，传统煤炭开采模式已不能适应和满足煤炭科学开采人才培养的需要。受长期煤炭企业单一的产品结构影响，煤矿职工人才队伍建设与转型升级的需要还有结构不合理、高级人才少、复合型人才不足等很多不适应的问题，这些问题依然制约着煤炭企业的改革创新与转型发展。因此，有必要基于煤炭科学开采的定义重塑采矿学科的人才培养模式。在我国，煤炭企业职工教育与培训虽然发展了几十年，也取得了一些成绩，但仍不能满足当前煤炭企业快速发展的需要。截止到 2013 年 11 月，我国煤矿从业人员中，初中及以下文化程度的约为 254.73 万人，为煤炭行业从业总数人员的 59.8%，这一数据在乡镇煤矿达到 77%，不少煤矿农民工昨日种地、今天下井的现象仍然不绝[57]。由国家安全生产监督管理总局发布的，自 2018 年 3 月 1 日起施行的《煤矿安全培训规定》中从业人员条件中明确提出："具有初中及以上文化程度"，这说明国家重视煤矿工人的文化程度与煤矿安全的关系。对于文化程度与安全生产的关系，也有很多学者对此进行了讨论与研究，国家安监总局研究中心曾对此进行过调研与分析，结论表明两者存在着显著的相关性。因此，提高煤矿工人的文化水平就显得格外重要了。

伴随采矿技术的日趋成熟，越来越多的现代化矿井将会新建，这样就要求煤炭企业职工技术能力不断加强。在我国煤炭行业高速发展的背景下，具有熟练技术的职工尚难以满足发展需要，更何况多数为农民工、城镇工的新员工。其理论水平、业务素质、现场经验普遍不足，现场新技术、新设备难以运用自如[58]。受限于自身的业务素质及能力，有些职工不能完成本职工作，导致一些责任事故的出现，造成企业重大损失。学科覆盖面不完善和社会经济形式的改变，内外因的结合，加剧了采矿人才的缺失和流失。煤炭科学开采人才应是理论与技术兼具、通晓经济与管理的全面专业人才。煤炭开采行业要实现科学发展，就需要科学的采矿人才，我国只有拥有一支强大的煤炭科学开采队伍，才能更好地改善现有煤矿生产的负面问题，才能扭转煤炭行业的传统形象，实现煤炭的科学开采。

2.4.5 职业危害大，且缺乏职业健康投入

由于我国井工矿开采比例高达 90%，地质条件复杂，开采难度不断增加，

煤矿工人长期在井下劳动，相对于其他行业，煤矿工人工作环境较为恶劣，需要面对粉尘、有毒有害气体、噪声、振动、高温高湿等作业环境，且劳动强度大、时间长，而相关的保护措施并不完善，因此造成了职业病发病人数多。我国百万吨死亡率不断下降，而职业病发病率却不断上升。根据国家卫生健康委员会统计（以 2016 年为例），全国 31 个省、自治区、直辖市和新疆生产建设兵团职业病报告，2016 年共报告职业病 31789 例，从病种分类来看，职业性尘肺病 27992 例，95.49% 的病例为煤工尘肺和矽肺，分别为 16658 例和 10072 例。职业性尘肺病及其他呼吸系统疾病报告例数占 2016 年职业病报告总例数的 88.36%。从行业分布看，报告职业病病例主要分布在煤炭开采和洗选业（13070 例）、有色金属矿采选业（4110 例）以及开采辅助活动行业（3829 例），共占职业病报告总数的66.09%[59]，如图 2-24 所示。

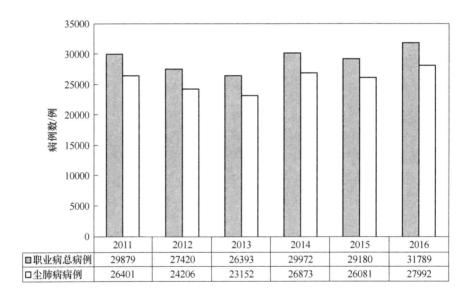

图 2-24　我国职业病总病例与职业尘肺病病例比较

　　造成这种现象的原因是防尘设备缺少或已不能发挥应有的效果，缺乏相应的防尘措施或者实施不到位等[60]。相关统计表明，一些矿井缺少防尘成本的支出，例如矿井洒水管道、工作面和掘进头的除尘设备长时间欠修，致使管道、设备基本不能使用；部分矿井虽然制定了煤层注水、湿式作业等能够降低粉尘浓度的措施，但在作业中并没有严格实施；有的矿井虽然配备了各种防尘设备，但管理不到位，矿工没有降尘的意识，除尘设备未能持续运转；还有一些乡镇煤矿既不配备防尘设施也不制定降尘措施，致使井下部分场所粉尘浓度严重超标，超出国家标准范围十几倍至几十倍，更有甚者达到了数百倍。

大型国有矿井在职业病防治方面都配备了相应的管理部门和管理人员，也制定了适用于自身的管理制度，然而职业病危害的防治专业人才依旧匮乏，管理机构的管理经常不到位，且检测设备数量不足或老化问题严重等，基础工作十分薄弱[61]。国有地方煤矿的情况就更为严重，大部分单位根本没有设立职业病防治的相应管理机构，因而职业病防治工作只能委托于其他单位的相应机构，这就给工作的开展带来了大大的不便。在乡镇煤炭企业中，无论是职业病防治的相应机构还是专业技术人员都没有到位，这就使得乡镇煤矿的职业病发病率远远高于国有煤矿。

目前，我国虽然出台了《用人单位职业健康监护监督管理办法》和《煤矿作业场所职业危害防治规定（试行）》等一系列法律法规，对煤矿工人起到了一定的保护作用，但都属于非强制性法规，缺乏专业性机构对职业健康进行监管，监督检查工作方式相对传统，停留在巡视、督促的模式，很难符合对职业健康的监管要求。

此外，由于煤炭开采的特殊性，煤矿工人长期身处密闭的作业环境，相对其他行业更容易造成心理方面的疾病，这需要社会和行业进一步提高重视度。

2.4.6　管理水平不高，困难问题突出

近年来，国内煤矿安全管理水平稳步提高，国家相关部门制定了煤矿安全方面的法律法规，煤矿工作者在思想行为上对煤炭安全生产有了新的重视程度，因而部分煤矿安全生产状况已经得到改善，初步实现了煤矿科学的安全管理。另外，多数煤矿尤其是重点煤矿安全成本投入也普遍增加，尽管我国煤炭产量飞速增长，国内矿井安全生产状况不但没有因此受到干扰，反而有所改善[62,63]。

目前，我国大多数煤矿安全状况相比之前大为改善，但仍有一部分煤矿对国家安全法律法规不够重视，加之煤炭企业用人多、效率低，管理人员多、领导干部"一人多职"的问题突出，按照构建现代企业管理制度的要求，存在较大差距，因而重大的安全事故仍时有发生。面对存在的这些安全隐患，国家相关部门应加强对煤炭企业的监管力度，尽量避免非人为的煤炭安全生产事故的发生，使国家和人民生命财产损失降到最低。此外，我国大多数小煤矿未配备充足的专业技术人员，且有些技术人员也无相应的工作经验，因而煤矿技术管理水平偏低。据统计，截至2012年年底，国内各类煤矿的主要负责人以及安全管理人员中，煤矿主体专业人员缺口仍高达8.6万人。由于利益的驱动，一些欠缺煤矿专业技术人员、无办矿经验的公司也在投资煤矿，因此难以具备有效的灾害防治能力与管理能力[64]。目前，国民经济迅速增长对煤炭企业发展要求更高，需要在确保煤炭企业正常生产的前提下加大安全生产力度。但目前国内煤矿管理水平仍与先进采煤国家存在较大差距。我国浅部资源也逐渐耗尽，待煤炭全面进入深部开采

后，地质条件将会愈发复杂，矿压、地温、水压强度都会随着采深相应加大，这将大大增加煤矿安全生产管理的难度。

2.4.7 产业集中度低

产业集中度又称为市场集中度（Market Concentration Rate），可以体现市场的竞争与垄断程度，是决定市场结构的基本要素。它是用于衡量一个行业中少数几个企业的某一指标占据行业总体指标的百分比。实际中可以用产量、销量、利润或资产总额等指标进行计算。通常所用的集中度计量方法有：行业集中率（CR_n）、赫尔芬达尔－赫希曼指数（Herfindahl-Hirschman Index，缩写：HHI），其计算公式（2-3）和公式（2-4）分别为：

$$CR_n = \sum_{i=1}^{n} S_i \tag{2-3}$$

$$HHI = \sum_{i=1}^{n} S_i^2 \tag{2-4}$$

式中，n 表示企业数量；S_i 表示第 i 个企业的指标数值。

本书选用我国煤炭企业前 4 家和前 10 家原煤产量数据进行计算，根据公式（2-3）和公式（2-4）可得到计算结果如表 2-2 所示，并给出我国自 2004 年至 2017 年煤炭行业市场集中度发展趋势图，从图 2-25 中可以看出，我国煤炭行业市场集中度在逐年提升，截至 2017 年已达到 43.1341%，但相比其他行业，煤炭行业市场集中度仍旧较低。

表 2-2 2004～2017 年我国煤炭行业 CR_4 和 CR_{10}

年份	前 4 家煤炭企业原煤产量/亿吨	前 10 家煤炭企业原煤产量/亿吨	原煤总产量/亿吨	CR_4/%	CR_{10}/%
2004	2.4912	4.3513	19.92	12.5060	21.8439
2005	2.6766	4.0424	22.05	12.1388	18.3329
2006	3.3903	5.5644	23.73	14.2870	23.4488
2007	3.9311	6.2569	25.26	15.5625	24.7700
2008	4.2807	6.7230	28.02	15.2773	23.9936
2009	4.2179	7.5893	29.73	14.1874	25.5274
2010	5.1138	8.6665	32.35	15.8077	26.7898
2011	6.2207	11.4949	35.20	17.6724	32.6560
2012	8.8776	14.6227	36.60	24.2557	39.9527

年份	前4家煤炭企业原煤产量/亿吨	前10家煤炭企业原煤产量/亿吨	原煤总产量/亿吨	CR_4/%	CR_{10}/%
2013	9.6446	16.0680	36.80	26.2082	43.6630
2014	9.6335	15.9364	38.74	24.8671	41.1368
2015	9.0713	15.4369	37.50	24.1901	41.1651
2016	8.2115	13.7045	34.10	24.0806	40.1891
2017	8.8589	14.8597	34.45	25.7152	43.1341

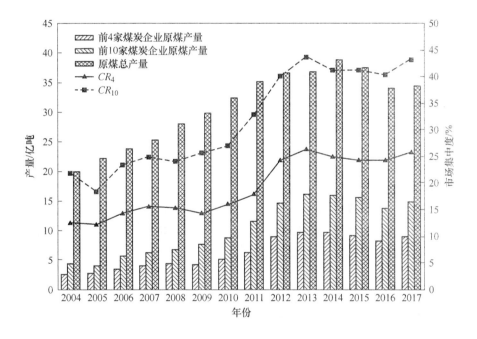

图2-25 我国煤炭前4家企业与前10家企业市场集中度

通过计算可以看出，我国煤炭产业集中度低，竞争激烈，这会造成小型企业为追求利润从而进行不安全生产行为，破坏环境，降低资源利用率。这不利于我国煤炭行业的整体发展，也不利于煤炭科学开采的实现。而对于煤炭行业来说，其本质应具有较高的规模化水平，这主要是因为，要实现煤炭的可持续发展，实现煤炭的科学开采需要较高的技术支撑和管理水平，对于安全生产、环境修复以及资源集约也有较高的要求。所以，产业集中度低将制约我国煤炭行业实现科学开采。

2.4.8　煤炭真实成本体现不足

煤炭资源本身是非人工的自然资源，是具有价值的。煤炭资源完全成本的概念是指科学开发且合理利用煤炭资源而产生的所有成本之和，为整个社会所利用煤炭资源而支付的真实成本。根据科学采矿的要求，需要使采矿的社会成本企业化、外部成本内部化。资源成本、安全成本、发展成本、环境成本和生产成本共同构成了完全成本的体系[24,65]。

资源成本包含资源的勘探与处置费用，资源所缴税费中的采矿权使用费，由于开采条件限制需要放弃的资源损失费用摊销等。安全成本主要考虑安全的生产环节改造，建立和日常维护监测系统的费用，矿井救护队人员工资、材料投入、救灾抢险的设备和设备购置及修理等安全救助费用等。发展成本为接续替代产业发展、矿区公共产品建设、煤矿衰老期转产项目建设、资源型城市转型等基金或费用，如新产品进入基金、转产基金、设立员工技能培训基金等。环境成本是用于消除管理煤炭企业所产生的对矿区及周边环境造成影响的措施成本、企业执行环境目标和要求所支付的相关成本。生产成本仅为保证公司日常运转的必须开支，其中包含制造成本和期间费用两部分。

当前，煤矿开采的现实却不尽如人意：一方面，部分矿井超能力生产，安全事故时有发生，被破坏的生态环境难以有效恢复等现象；另一方面，煤炭企业盲目追求经济利益，致使安全投入、资源枯竭矿区转产、环境治理成本等支出不足乃至缺失，经济补偿不足，导致整个煤炭行业的可持续发展能力降低。从长远来看，未来经济发展所需的煤炭大部分将依靠生态脆弱、高运输成本的中西部地区，从而煤炭生产成本将不断提高，行业内部竞争不断加剧，若不从现在大力推广煤炭的科学开采，煤炭工业将无法承担对国民经济的支撑和保障作用。

3 国内外煤炭科学开采
相关支撑技术进展

3.1 国外煤炭科学开采相关技术与政策支撑

国外先进的采煤国家更加注重矿区开采前的规划与设计、开采中的监督与管理、开采后的生态修复，通过不同的技术和政策尽可能地降低开采带来的负外部性。美国早在19世纪末就开始了对矿山开采后修复的基础性研究，并制定了相关的法律法规。在20世纪中后期，德国、法国和英国也相继进行了相关的研究和工程实践。

发达国家露天和井工开采技术成熟，先进制造技术、自动化控制技术、信息网络技术等高新技术近年来在煤炭生产中得到广泛应用，煤炭开采采用先进的综合机械化、自动化大型装备，煤炭产业集中度日益提高。煤炭开采广泛采用安全清洁高效开采技术，严格执行生态环境保护法律法规，力求将其对生态环境的负面影响降至最小。

3.1.1 煤炭安全清洁高效开采技术

3.1.1.1 控制地表沉陷开采技术

采用必要的控制地表沉陷开采技术，包括充填开采、联合开采、协调开采、条带开采、房柱式开采和离层区注浆等多种开采方法。

充填开采法在波兰、德国应用较多，主要采用水力和风力充填方式，将河砂、煤矸石和电厂粉煤灰等充填材料对采空区进行充填，充填后地表下沉系数为0.1~0.2。波兰采用条带开采配合使用水砂材料充填采空区，在控制地表下沉方面取得了很好的效果，已经成功地开采了多座城市下的煤炭资源，采出率为45.8%~60%，地表下沉系数为0.009~0.036。以房柱式开采法控制地表沉陷主要应用在美国、澳大利亚等国家，其煤炭采出率一般为50%~60%，地表下沉系数为0.35~0.68。膏体充填技术是20世纪70年代末在德国金属矿山发展起来的，90年代初应用在煤矿进行工作面采空区的充填。该项技术所具有的技术优势和良好效果在加拿大、美国、澳大利亚、南非等国家的金属矿山得到推广应用，现已成为目前金属矿山充填技术的重要发展方向，应用于煤矿采空区的充填仍是世界各采煤国家研究的重点。

3.1.1.2 煤与瓦斯协调开发

美国宾夕法尼亚州要求在矿井规划中，提前煤炭生产 5 ~ 6 年生产煤矿瓦斯。德国鲁尔煤田在废弃煤矿抽采瓦斯用于半移动式发电厂发电。瓦斯逐渐成为一种宝贵的、可靠的和可持续利用的燃料，在技术和经济可行的情况下尽可能地进行利用。即使在技术和经济不可行的情况下，当煤矿瓦斯中甲烷浓度很低时，一般会直接烧掉。

3.1.2 生态环境保护技术

3.1.2.1 煤矿开采损坏或受采动影响的土地再利用

世界上主要采煤国均要求对煤矿开采损坏或受采动影响的土地尽快做出地面整修和复垦规划。规划必须达到三个目标，即建造的地形要确保可持续利用、生态稳定、保持其地域特点。以德国为例，其从起初的开采作业到 2002 年年底，共有 1646km^2 用于开采作业，其中 1047.6km^2 的土地得以复垦，复垦率达到 64%。复垦土地的用途可以是耕地、林地、湿地，也可以是安置居民区、工业景观、工业建筑等。

3.1.2.2 矿区环境污染控制

矿坑抽出的水经处理用于保证本地区饮用水和生产用水的供应。多余的水经过处理可重新回到地下水和地表水系统中。早在露天开采长远规划阶段，就应实施对村庄预期污染情况进行评估。在隔音方面，除采取有效避免源头噪声排放的防护措施外，还要在村庄附近建防噪大坝或防噪墙。为了避免露天矿表面尘土飞扬，采取及时复垦或绿化倾倒区。

3.1.2.3 节约资源和生命周期管理

节约不可再生的自然资源及资源综合利用有利于保护环境，并且有利于可持续发展。如矿床伴生资源的开发利用，优先考虑节能措施。在生命周期管理范围内，发电厂燃烧产生的煤灰和烟气脱硫产生的石膏被运回产煤区，储存在专门建立的专用填埋场中。

3.1.2.4 居民安置

由于煤矿占地范围较大，即使开采后马上实行复垦，居民区也要不断迁移。因此能源部门与居民区、林业和农业等部门共同参与，在开采发生之前的10 ~ 15 年，就要对具体的重新安置做出详细计划。一般会遵照如下过程：考虑居民提出的建议，由政府确定大多数人所希望的安置地点，由主管市政部门组织实施和进行下一步计划。在全部过程中，居民可广泛了解和咨询相关信息，有权参与所有相关决定、计划和开发新住址的讨论。开采公司所做的补偿主要是维持居民的物质财产和生活水平。这种"共同安置"使得居民区和社会关系得以维系。

3.1.3 严格执行生态环境法律法规、政策

各国政府针对煤矿开采过程中的环境保护，出台了相关政策，要求煤炭企业应当承担起环境治理恢复及枯竭退出弃置的责任。执行过程中，有严格的法律法规制度约束，有具体的规范标准要求，有明确的职能部门负责落实。

美国很早就注意到矿山开采对环境造成的危害，是最早进行矿山生态修复的国家之一。19世纪末，美国就开展了矿山生态修复的基础性研究，制定相关的法律体系，并强制执行法规。美国联邦政府主要根据《露天采矿控制与复垦法》和《洁净空气法修正案》对煤炭企业进行环保监督和管理。以《露天采矿控制与复垦法》为例，规定露天煤矿开采后要恢复原貌，如地形、表土层、水源、动植物生态环境等。对井工煤矿开采要求是：防止地面下沉、不再使用的井口要封闭、矸石尽量回填井下、矸石山保持稳定等。而且规定了一系列基金，如废弃矿山复垦基金、水土保持基金、水质保护基金、能源研究基金会、能源研究实验室基金等。保证金占到煤炭成本的 0.5% ~ 1.5% 。

20世纪中后期，德国、法国、英国、澳大利亚等发达国家在矿山生态修复领域也进行了大量的研究和工程实践，并制定相关法规，取得了极其显著的成效。

德国煤炭企业重视开采引起的环境问题，投入大量环保资金，尤其是在矸石山处理、老矿区地面整治和露天矿复垦方面成效显著。建立以政府推动为主导的矿区转型发展模式。20世纪中后期，当世界范围内的产业结构性大调整时，位于德国北部的鲁尔工业区的煤炭资源也步入枯竭期，许多矿井陆续关闭。鲁尔矿区循序渐进地实施转型调整，将采煤业集中到赢利多和机械化水平高的大矿井，提高产品的技术含量，提供多种补贴和税收优惠等予以扶持，与此同时投入大量资金改善当地的交通设施，以推动煤矿企业高效发展和转型发展。

由澳大利亚州（省）政府颁布与矿山有关的环境法。新南威尔士州《1992年矿业法》规定开采应符合环境要求，须进行复垦。为确保露天开采后土地得到完全复原，开采商应缴纳一笔保证金，保证金数量根据恢复情况和日常检查情况而定。只有矿产资源部满意其复垦工作后，才退还保证金。如果未履行好复垦职责，保证金可能被罚没。

3.1.4 煤炭开采由劳动密集型向技术密集型转变

美国、澳大利亚等世界先进产煤国在实现煤炭开采综合机械化基础上，向遥控和自动化发展，由劳动密集型向技术密集型转变，以日产万吨以上的超大型综合机械化回采工作面为核心的开采工艺改变着矿井安全生产面貌。劳动生产率大幅提高，安全状况不断改善，生产成本明显下降。美国、澳大利亚两个国家全员工效均超过 12000 吨/（人·年）。

3.2 我国煤炭科学开采相关技术支撑[28]

近十余年来，我国煤矿开采技术迅速发展，无论从技术水平上还是先进技术应用推广范围上都有了很大提高，极大地促进了煤矿科学开采理念的实现。煤炭行业取得了很大的成绩，煤炭科研平台布局逐步完善，产学研协同攻关成为创新主要形式，科技奖励取得新突破，知识产权取得明显进展，行业标准化工作取得成效，人才队伍建设取得成就。

煤炭科技创新能力和技术装备自动化水平显著提升，建设了一批具有国际先进水平的重大煤炭技术示范工程，煤层气勘探开发技术基本成熟，实现了规模化开发。在煤炭清洁高效开发利用方面，煤矿安全开采技术水平进一步提升，低质煤分级分制利用方面已开发近 10 种技术路线，大型煤炭深加工技术攻关和工程示范项目有序推进，煤耗、水耗进一步降低，能效指标大幅度提升。

根据中国煤炭工业协会、中国煤炭学会统计：2002～2017 年，煤炭科技奖累计申报 8012 项，其中 3429 项获奖，占总申报项目的 42.7%，如图 3-1 所示。

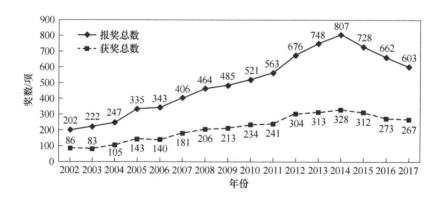

图 3-1 2002～2017 年煤炭科学技术奖申报与获奖情况

2002～2017 年，煤炭科技奖累计获特等奖 23 项，一等奖 350 项，二等奖 1260 项，三等奖 1796 项，如图 3-2 所示。

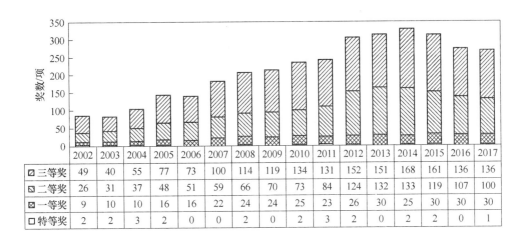

	2002	2003	2004	2005	2006	2007	2008	2009	2010	2011	2012	2013	2014	2015	2016	2017
三等奖	49	40	55	77	73	100	114	119	134	131	152	151	168	161	136	136
二等奖	26	31	37	48	51	59	66	70	73	84	124	132	133	119	107	100
一等奖	9	10	10	16	16	22	24	24	25	23	26	30	25	30	30	30
特等奖	2	2	3	2	0	0	2	0	2	3	2	0	2	2	0	1

图 3-2 2002~2017 年煤炭科学技术奖获奖级别汇总情况

3.2.1 特厚煤层放顶煤开采

厚度大于 3.5m 的煤层称为厚煤层，这个概念的出处不易考证，但至少要追溯到 20 世纪 50 年代，基于当时的开采技术与装备水平所限，一般认为对于厚煤层需进行分层开采，尽管目前一次开采的煤层厚度远不止 3.5m，但是这种煤层厚度划分标准一直沿用至今。近年来随着厚度更大煤层，如 10m、20m、30m，甚至更厚煤层的大规模开采，人们总是试图用最简单、更高效的方法开采这些特厚煤层，其中对于 12m 以下的厚煤层开采技术相对成熟，对于 12m 以上的缓倾斜特厚煤层开采技术有了长足进展，其中以大同煤矿集团塔山煤矿最具有代表性，开发了大采高放顶煤开采技术，一次可采煤层厚度最大达 20m，目前已经开采了 5 个工作面，工作面长度 210m，工作面割煤高度 4~5m，工作面平均月产煤炭超过 90 万吨，年产煤炭达 1084.9 万吨，工作面回收率 88.9%。

大同塔山煤矿开采的特厚煤层是石炭系太原组 3~5 号煤层，埋深 300~500m，煤层厚度变化较大，平均厚度 19.4m，平均倾角 0°~4°，煤层多有火成岩侵入，煤层与顶板都有不同程度的破坏，开采难度大。煤层的直接顶为厚 2m 的碳质泥岩，基本顶为厚 20m 的粗砂岩。在中国还是首次一次采全高开采煤层厚度达 19m 的近水平特厚煤层，在世界其他国家也没有。为了开采此类煤层，研制了专用的放顶煤液压支架，提高支架高度和抗顶板冲击性能，增大放煤口和强力放煤功能等；研制了大功率后部刮板输送机，适应厚顶煤放出时的不均匀载荷与冲击等。工作面三机配套见图 3-3，工作面主要设备配置及参数见表 3-1。

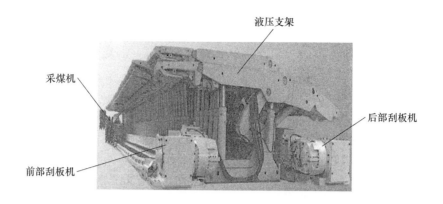

图 3-3　ZF15000/28/52 大采高综放液压支架及配套设备

表 3-1　工作面主要设备

序号	设备名称	型　　号	功率/kW	能力/t·h⁻¹
1	液压支架	ZF15000/28/52		15000kN
2	采煤机	MG750/1915-GWD	1915	2000
3	前刮板输送机	SGZ1000/1710	2×855	2500
4	后刮板输送机	SGZ1200/2000	2×1000	3000

　　为了开发大采高放顶煤技术，通过理论分析、数值计算、相似模拟试验和现场微震监测等，建立了大采高综放开采覆岩的"悬臂梁－铰接岩梁"结构力学模型，用来解释顶板活动规律和指导支架选型，指出直接顶呈现不规则垮落，下位基本顶呈现悬臂梁的周期性折断，高位基本顶形成"铰接岩梁"结构；通过微震监测、顶板位移监测等，获得了下位基本顶周期性破断和上位基本顶"铰接岩梁"的高度及破断位置；下位基本顶破断步距为上位基本顶的 1/2 左右。下位基本顶破断垮落形成了小周期来压，上位基本顶"铰接岩梁"周期性失稳，形成了工作面大周期来压，这是大采高综放开采顶板来压的基本特征。

　　基于滑移线场和极限平衡理论，建立了煤壁稳定与顶板压力、煤壁强度、支架阻力、煤壁高度、支架水平支护力等之间的关系（图 3-4）。获得了大采高煤壁稳定所需要的支架阻力和水平支护力大小，提出了基于顶板压力和维护煤壁稳定确定支架工作阻力的二元准则，并据此设计了支架阻力和二级护帮结构，解决了大采高综放开采顶板与煤壁控制难题。

　　特厚顶煤放出过程中，相邻支架矸石容易提前窜入放煤口，导致顶煤混矸率高。为此，建立了三维放煤理论，得出了三维放出体形态、三维煤矸分界面、实

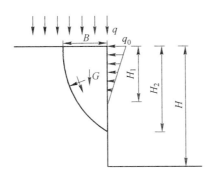

图 3-4 控制煤壁片帮模型

H—煤壁高度；H_1—护帮板长度；H_2—片帮高度；B—片帮深度；

q—顶板均布载荷；q_0—支架水平载荷

际放出体高度等（图 3-5、图 3-6），指导了特厚顶煤放煤工艺与参数确定。采用"一采一放"、多轮间隔顺序多口放煤工艺，通过支架上发明的强扰动式放煤机构、顶煤回收装置、实施初采期间顶煤弱化技术等，顶煤回收率达 86.67%。

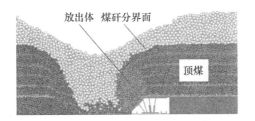

图 3-5 "一采一放"的煤矸分界面与顶煤放出体

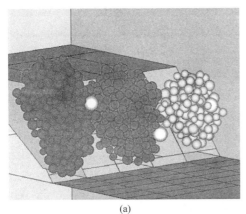
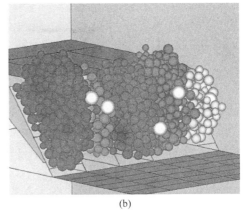

(a) (b)

图 3-6 三维放出体

（a）间隔放煤放出体；（b）最终所有支架放出体

3.2.2 厚煤层开采技术

厚煤层开采技术有了很大发展，我国自 1984 年进行综放开采技术试验以来，厚煤层综放开采技术取得了长足进步。目前已形成了高效的综放开采技术、特厚煤层（12~20m）综放开采技术、"三软"厚煤层综放开采技术、"两硬"厚煤层综放开采技术、急倾斜厚煤层综放开采技术等。一般的综放工作面年产可达 300 万~500 万吨，特厚煤层的综放面年产可达 1200 万吨。大采高开采技术在最近 10 年来发展迅速，从 20 世纪 80 年代 4~5m 大采高开采到目前的 7m 大采高开采，使得厚煤层开采技术发生了根本性变化，7m 大采高工作面年产可达 1500 万吨。目前 6~7m 的大采高工作面众多，开采技术也基本成熟。

3.5~12m 的厚煤层开采主要是采用两种方式，3.5~5m 厚煤层采用一次采全高的综采，俗称大采高开采；5~7m 的厚煤层既有大采高开采，也有放顶煤开采，主要取决于煤层的硬度和裂隙发育情况；7m 以上的厚煤层采用放顶煤开采，见图 3-7。

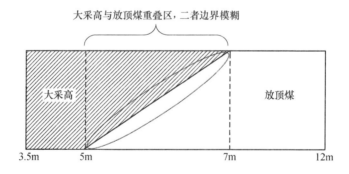

图 3-7　大采高与放顶煤开采的适用煤层厚度

3.2.2.1 大采高开采

大采高开采是指工作面割煤高度大于 3.5m 的开采。近 20 年来，大采高开采技术在中国得到了快速发展，尤其是大采高液压支架与采煤机等煤机制造业的进步促进了大采高开采技术的发展，目前大采高工作面的生产能力达到了 1500 万吨/年水平。

从世界范围看，大采高开采技术的研究与使用开始于 20 世纪 70 年代后期。德国、波兰、美国、法国、南非、澳大利亚等都进行了大采高开采技术的研究与应用。中国的大采高开采始于 1978 年，从德国进口了 G320-20/37、G320-23/45 等型号支架及相应的采煤、运输设备，试采 3.3~4.3m 的厚煤层取得成功，工作面平均月产 70819t。1980 年，邢台东庞矿使用国产的 BYA329-23/45 型两柱掩护式液压支架及配套设备，在 4.3～4.8m 的厚煤层开采中取得成功。

近 10 年来，中国的大采高开采技术发展迅猛，一次开采高度从 3.5m 到 8.8m，国产的液压支架、采煤机、刮板输送机、胶带输送机等设备日趋成熟，设备能力与可靠性等方面接近国际先进水平，其中大采高液压支架的工作阻力在世界上是最大的。支架工作阻力普遍采用 10000～20000kN，支架宽度 1.75～2.05m，支架最大支撑高度达 9m。

早期的大采高采煤机主要是依靠进口，有德国 Eickhoff 公司的 SL500、SL1000 等系列采煤机和美国 JOY 公司的 7LS6、7LS7 等系列采煤机。但是最近几年，国产大采高采煤机逐渐替代进口采煤机，如西安煤机厂研制的 MG750/1910-WD、MG900/2210-GWD 等系列采煤机，其中 MG900/2210-GWD 采煤机性能与 JOY 公司的 7LS6 采煤机大体上相当，最大割煤高度 6.5m、截割功率 2×900kW、装机功率 2210kW、滚筒截深 800mm、最大牵引速度 31.5m/min、整机质量 151t、生产能力 4500t/h。国产其他采煤机性能与上述大体相当，整机功率在 2000～2500kW 水平。

采煤机远程控制及监测系统也取得了进步，如 MG900/2210-GWD 采煤机实现了顺槽集中控制、通过综采工作面无线以太网和煤矿工业以太网连接，将采煤机运行参数和状态传送至地面监控中心，在地面控制中心能够实现采煤机控制参数的设置、采煤机记忆截割功能及记忆截割的远程修正功能、采煤机的虚拟 3D 监控功能等。

大采高工作面的长度一般在 250～300m，根据煤层条件不同，工作面高度介于 3.5～8.8m 之间，工作面生产能力最大可达 1500 万吨/年。

3.2.2.2　放顶煤开采

中国放顶煤开采技术借鉴了法国、匈牙利、波兰等国家在 20 世纪 50 年代开采边角煤的技术原理，于 1984 年在东北的沈阳矿务局蒲河煤矿进行了长壁工作面放顶煤开采试验，逐步取得成功。目前放顶煤开采是中国开采 7m 以上厚煤层的主要技术，在近水平厚煤层、缓倾斜、急倾斜、特厚煤层中都进行了放顶煤开采，也都取得了良好效果。长壁放顶煤开采的合适条件应该是煤层厚度 6～12m、煤层倾角小于 30°、煤层硬度系数小于 3、裂隙发育、瓦斯含量低的煤层，在这类煤层中，应用放顶煤开采技术容易取得高产高效的效果。对于煤层倾角大于 60°、煤层厚度大于 10m 的煤层，进行水平分段放顶煤开采也是合适的。

在中国条件适宜矿区，从东部到西部、从南部到北部都有放顶煤开采技术在应用。放顶煤支架早期都是采用四柱支撑掩护式，近年来，逐渐采用两柱掩护式支架，但是在顶板坚硬煤层中，仍然使用四柱支架。

兖州矿区是国内最早采用两柱放顶煤支架的矿区，此后逐渐推广到神华保德煤矿与柳塔矿、平朔安家岭井工一矿、河北冀中能源贤德汪矿、澳大利亚澳斯达矿等。两柱支架的突出优点是结构简单、适应于电液控自动移架、充分发挥支架效能。

兖州矿区兴隆庄矿使用两柱支架进行放顶煤开采的煤层厚度 8.2m，煤层倾角 4°~9°，煤层埋深 238~193m，煤层硬度系数 2.3；工作面长 176m，割煤高度 3m，放煤高度 5.2m，采用 ZFY6800/18.5/35 型两柱放顶煤支架；工作面支架在每一个循环内均呈增阻状态，支架循环末阻力均值 5355.6kN，为额定工作阻力的 78.8%，比四柱支架提高了 28.4%。

平朔安家岭井工一矿 4108 工作面开采煤层厚度 6.9m，埋深 200m，煤层倾角 0°~5°，煤层硬度系数 2~3；工作面长 300m，割煤高度 3.4m，放煤高度 3.5m，采用 ZFY12000/23/40D 型两柱放顶煤支架，支架中心距 1750mm；支架循环末工作阻力 5190~8215kN，仅为额定工作阻力的 43.25%~68.46%，支架阻力尚有较大富余量；支架初撑力 2047~4958kN，为额定初撑力的 30.4%~62.6%，支架初撑力偏低；工作面初次来压步距 39.8m，周期来压步距 11.6m。

平朔、潞安、兖州、大同、淮北等矿区的放顶煤开采均取得了很好效果，一般的放顶煤工作年产量在 300 万~1000 万吨，这主要取决于煤层厚度、倾角、瓦斯含量、煤层硬度等条件。在过去的 30 年来，中国放顶煤开采取得了以下主要进展：

（1）掌握了放顶煤开采矿山压力显现的基本规律。通过多年的实践与研究，掌握了放顶煤开采矿山压力显现基本规律，如破碎顶煤可以缓解工作面顶板冲击压力；使用四柱支架时后柱阻力明显小于前柱阻力；工作面前方支承压力峰值小、但分布范围大等。

（2）提出了顶煤破碎与放出理论与技术。对于顶煤破碎的难易程度来说，提出顶煤裂隙分布与发育程度比煤块的强度更加重要，并建立了相应的顶煤破碎块度预测模型。在充分考虑支架移动、顶煤下落、支架尾梁下放出的情况下，提出了散体顶煤放出的散体介质流理论，指出了该理论与金属矿放矿椭球体的区别与联系。结合不同的煤层条件，总结出了一套相应的放煤工艺与参数。

（3）开发了系列化的放顶煤液压支架。已经研制出了适应各类煤层条件的放顶煤液压支架，如软煤层放顶煤支架、大倾角放顶煤支架、硬煤层放顶煤支架、特厚煤层放顶煤支架、高产高效煤层放顶煤支架等。

3.2.3　大倾角开采技术

这里的大倾角煤层是指煤层倾角介于 30°~50°的煤层，这类煤层开采难度大，主要面临的难题是支架倾倒、支架与刮板输送机等设备下滑、顶板不均匀垮落、实现正常循环作业困难，工作面产量低等。解决大倾角煤层开采主要从五个方面入手：（1）工作面合理布置，减缓工作面倾角；（2）研制专用的防倒防滑支架；（3）支架与刮板机等相互锚固，相互稳定；（4）确定合理的开采工艺与参数；（5）确保工作面下端头部分的设备稳定。

下面是两个典型的大倾角煤层开采实例。

甘肃靖远煤业公司王家山煤矿矿井设计能力 180 万吨，44407 工作面为大倾角放顶煤工作面，埋深 300m 左右，工作面煤层倾角 38°～49°，平均 43.5°，煤层厚 13.5～23m，平均厚度 15.5m，煤硬度系数 1.0，工作面走向长 605m，倾斜长 95m。

工作面采用走向长壁一次采全厚放顶煤开采。为了缓解工作面倾角和维持工作面下部支架与设备稳定，运输平巷靠近煤层顶板布置，回风平巷沿煤层底板掘进。然后施工半径 28.64m、长度 20.5m 的竖曲线，与 41°坡度的工作面相接。切眼采用伪仰斜布置，运输平巷超前回风平巷 5m。

采用 MG200/500 - QWD 型双滚筒采煤机落煤，截深 0.6m，割煤高度 2.6m，放顶煤高度 12.9m。工作面液压支架为 ZFQ3600/16/28 型低位放顶煤支架，最大控顶距 4.73m，最小控顶距 4.13m，支架中心距 1.5m，移架推溜步距 0.6m，放顶煤步距 1.2m，工作面月产达 70681t，平均回收率 82.27%。

黑龙江双鸭山矿务局东保卫矿 240 工作面，工作面长 115m，可采长 880m，埋深 360m，煤层倾角 30°～50°，煤层厚度 1.25～1.7m。工作面支架布置是在工作面下部的 5 架排头支架通过设计的专用油缸相互连接，形成整体，起到防倒防滑的作用。工作面月产 4.5 万吨。

3.2.4　岩层控制的充填开采技术

随着煤炭资源的大量开采，我国一些老矿区的"三下"压煤问题日益突出，严重制约着煤矿企业的正常生产。为了实现煤炭工业的可持续发展，研究合理的"三下"开采技术，已成为国家及各煤矿企业急需解决的重大技术课题。充填开采是控制地表塌陷、保护地表及环境，解决"三下"压煤问题最有效的技术途径。

我国的矿山充填开采技术经历了以处理固体废物为目的的废石干式充填技术、水砂充填技术、尾矿胶结充填技术、高浓度充填技术和膏体充填技术等发展阶段。目前煤矿常用的充填开采技术有矸石充填、高水材料充填、膏体材料充填、似膏体材料充填、高浓度胶结材料充填技术等。

3.2.4.1　矸石充填采煤技术

矸石充填采煤技术是以煤炭开采过程中产生的煤矸石为主要充填材料，

在地面加工好矸石充填材料后，经过投料井投放到井下充填材料仓，然后通过皮带、专用刮板输送机、专用充填支架等机械运至采空区并充填。该技术工艺简单，机械化程度高，但充填体密实度相对较低，对覆岩移动与地表沉陷的控制效果相对较差。图 3-8 为综合机械化矸石充填工作面专用充填支架示意图。

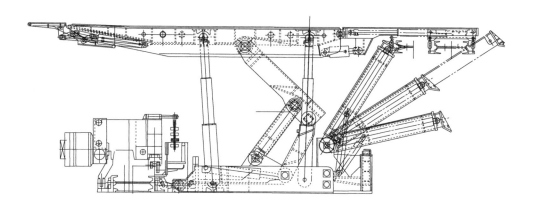

图 3-8   矸石充填专用充填支架示意图

3.2.4.2   高水材料充填采煤技术

高水材料充填就是采用高水速凝固结材料作为充填材料的一种充填采煤技术。高水材料主要由两种材料组成，一种以铝土矿、石膏等独立炼制成主料并配以复合超缓凝分散剂构成；另一种由石膏、石灰混磨成主料并与少量复合速凝剂构成。二者以 1 : 1 比例配合使用，水体积在 90% 时，高水材料固结体抗压强度可根据水体积和外加剂配方的不同而进行调节，且能实现初凝时间在 8 ~ 90min 之间按需调整，其 28 天强度可达 0.66 ~ 1.50MPa。

高水材料具有早期强度高、两主料单浆流动性好、初凝时间可调等特点，生成的固结体不收缩，体应变小，且具备良好的不可压缩性。但是高水材料存在抗风化及抗高温性能较差的缺点，使得煤矿采空区内充填体的长期稳定性能较差。

3.2.4.3   膏体材料充填采煤技术

膏体材料充填就是把煤矸石、劣质土和电厂的粉煤灰、工业炉渣等固体废物在地面加工成膏状浆体，在高密度固体充填泵及重力的作用下通过管道送到井下工作面，适时充填采空区的采煤方法。

膏体充填料浆的真实质量浓度达到81%~88%。一般情况下，可泵送较好的膏体充填料浆的塌落度为100~150mm；充填料浆在管道中基本是整体平推运动，管道横截面上的浆体基本上以相同的流速流动，即形成柱塞结构流；料浆不沉淀、不离析、不泌水；无临界流速；膏体充填体压缩率只有1%，压缩率很低，能够达到保护地表建筑物的目的。但是，膏体充填存在输送技术难度高、输送阻力大、一次性投资大、易堵管等缺点。

3.2.4.4 似膏体材料充填采煤技术

似膏体充填材料与膏体材料充填类似，就材料而言，是以矿山、电厂等工业废弃物（如尾砂、煤矸石、粉煤灰等）或河砂等作骨料，在骨料中配以合适的细粒级成分，并添加胶凝材料，制成质量浓度为72%~78%、外观近似膏体一样的浆体。

似膏体充填体的强度与膏体充填体的强度比较接近，流动能力远高于膏体充填。但是，目前多数煤矿实施的似膏体充填需井下脱水，废水积聚在工作面，给工作面的生产带来了较大影响。

3.2.4.5 高浓度胶结材料充填采煤技术

高浓度胶结充填是指以煤矸石、粉煤灰、水泥及外加剂，加适量的水作为充填材料，通过活化搅拌，从而将充填料浆制备成高浓度料浆，通过管道输送到井下采空区的充填工艺。由于该混合料浆属于一种具有触变性质的标准分散系，细粒级物料含量高，比表面积大大增加，在强力搅拌下，混合料浆中固体分散系被稀释而具有流动性，并使得胶结微粒分布均匀。

高浓度充填料浆的真实质量浓度为74%~82%，塌落度在200~240mm。这种工艺的胶结充填体内粒级和水泥分布均匀，没有粗、细颗粒分层现象，充填料浆易泵送，井下不需要脱水，充填体强度高，整体性和稳定性好。图3-9为高浓度胶结充填工作面专用充填支架示意图。

图3-9 高浓度胶结充填液压支架示意图

不同煤矿充填开采技术具有各自的优缺点和适用条件，具体对比情况如表3-2所示。

表 3-2 煤矿充填开采技术对比

方法	充填材料	工艺情况	生产能力 /万吨·年⁻¹	系统投资 /万元	充填成本 /元·吨⁻¹	减沉效果 /%	适用条件
矸石充填	煤矸石粉煤灰	充填材料经皮带、刮板等运至采空区,工艺简单	50～70	5000～7000	30～60	60～75	农田、河流下或开采深度较大的区域
高水充填	高水材料	甲、乙料在地面制浆经过管路输送,工艺相对简单	30～40	4000～6000	110～130	85～90	对充填成本要求不高,对地表沉陷要求高的建下开采
膏体充填	煤矸石粉煤灰水泥	充填材料在地面制浆经过管路输送,料浆流动性差	30～40	7000～9000	80～100	90～95	对地表沉陷要求高的建下开采,充填距离短
似膏体充填	煤矸石粉煤灰砂土固结材料	充填材料在地面制浆经过管路输送,料浆流动性较好,工艺较复杂	40～50	5000～7000	80～100	85～90	对地表沉陷要求高的建下开采,充填距离短
高浓度充填	煤矸石粉煤灰水泥	充填材料在地面制浆经过管路输送充填采空区,料浆流动性好,工艺较复杂	40～50	7000～9000	80～100	90～95	对地表沉陷要求高的建下开采,充填距离较长

3.2.5 煤与瓦斯共采技术

煤与瓦斯共采是钱鸣高院士和袁亮院士首先提出来的,即利用煤层开采形成的大范围卸压场与裂隙场,增加煤层瓦斯解吸速度和透气性,进行瓦斯井下抽采的理论。近年来,袁亮院士将这一理论思想在淮南矿区进行了系统的实践与创新,形成了无煤柱卸压开采煤与瓦斯共采理论基础,得到了深井煤层群首采卸压层无煤柱开采的顶底板卸压规律;提出了沿空留巷控制原理及关键技术,实现了采用无煤柱沿空留巷技术进行煤与瓦斯共采,降低了瓦斯治理成本,采用留巷钻孔法连续高效抽采采空区和邻近层瓦斯,实现了连续抽采卸压瓦斯,瓦斯抽采率达70%以上,抽采出的高浓度瓦斯可直接利用。这一技术可实现瓦斯抽采的最大化,Y 型通风方式消除了上隅角瓦斯积聚和超限问题,无煤柱开采可多回收区段煤柱资源、减少巷道掘进量。该项技术已在国内许多矿井推广应用。

3.2.6 煤炭开采设备保障

3.2.6.1 煤炭开采主体设备研发技术

液压支架是煤矿井下长壁开采的关键设备之一，近年来，我国在煤矿综采液压支架研制方面进展迅速。充分重视支架围岩关系，采用现代优化设计、三维动态参数优化设计，提高系统可靠性，通过采用高强度材料和新的焊接工艺，研制成功了适用于各类开采条件的液压支架，如轻型支架、大倾角支架、薄煤层支架、大采高支架、放顶煤支架等。支架的高度适应范围为 0.65 ~ 7.20m，支架中心距有 1.25m、1.5m、1.75m、2.05m，支架最大工作阻力达到 20000kN 水平。支架全面实现了电液控制，大大提高了支架的支撑效率和移架速度。在支架设计方面，普遍认识到了提高支架工作阻力和水平支护力对防止煤壁片帮的重要性，在大采高支架研制方面，开发出了三级护帮结构。

近年来，我国采煤机性能和可靠性显著提高，总体性能已接近国际先进水平。电牵引采煤机的最大装机功率已突破 3000kW，最大开采高度可达 7.5m。薄煤层采煤机可采厚度为 0.65 ~ 1.20m，大倾角采煤机可适应倾角为 0° ~ 55°；同时短壁采煤机也有长足进步，可适应于边角块段区域煤层的开采。

刮板输送机的技术水平也在不断提高，朝着大型化、高可靠性的方向发展。自主研发的刮板输送机已经形成系列化，最大安装长度 300m，最大装机功率 3 × 1600kW，中部槽内宽达 1388mm，输送能力达 4500t/h，整机实现了软启动等。

带式输送机正向长距离、大功率、高带速、大运量、高可靠性的方向发展，目前国产带式输送机的最大输送带宽度 2000mm，带速 4.5m/s，运量 4500t/h。增加卸载驱动点，可使单机长度达 6000m，装机功率达 3 × 1250kW。

液压支架电液控制、智能采煤机自动控制、刮板输送机的软启动等方面均有长足进步，极大地促进了我国煤机行业自动化、智能化水平的提高。

3.2.6.2 自动化开采与远程监控

煤矿生产和洗选加工主要生产设备自动化率达 70%，安全监测监控覆盖比例达 90%，实现了安全生产、生产调度数字化。掘进机远程控制技术取得了突破，大型采煤机控制实现了计算机管理。在液压支架电液控制方面，基本实现了支架电液控制系统的所有功能，如支架的自动降移升、自动推移刮板输送机、跟机自动移架、临架甚至远程操作等功能，全部实现了自动化电液控制，且全面实现了国产化。在采煤机自动化方面，基本实现了记忆割煤、采煤机位置检测、滚筒位置控制、机身姿态检测等。实现了刮板输送机减速器和电动机温度监测、双速电机降压启动、1600kW 智能调速型液力耦合器软启动、"三机"启停和软启动集成控制、自动化机尾伸缩自动控制等。

薄煤层自动化开采方面进步显著。实现了工作面视频监视、无人操作，远程控制与操作。研发了适应性好的基于滚筒式采煤机的薄煤层自动化综采成套装备，突破了大功率矮机身采煤机、大运量矮槽帮刮板输送机、大伸缩比液压支架及工作面无人自动化控制关键技术，研发了工作面智能视频和安全预警系统、综采工作面智能控制中心，实现采煤时工作面内无人，所有操作在远离工作面的顺槽控制中心内完成，彻底摆脱了传统的工人在工作面爬行操作的生产方式，在峰峰集团薛村矿开采 0.6 ~ 1.3m 煤层的实践中，工作面月产达到 11.8 万吨，年产达到 100 万吨。

3.2.6.3 信息化与通信技术

煤炭行业工业化信息化的两化融合速度加快。2011 年煤炭行业信息化建设投入占企业销售收入的平均比重为 0.38%，比 2010 年提高了 0.03 个百分点。我国煤炭行业信息化与通信技术主要应用在：云计算、工业设施设备网络化、煤矿及洗煤厂单体设备过程控制系统、生产计划调度管理、安全监测系统、销售管理系统、能源数据采集以及环保监测、财务管理等方面。总体来看，煤炭行业两化融合基础建设已经基本成熟，单项应用业务也日趋完善，经济与社会效益初现，但是对于信息化、自动化系统的综合集成水平依旧较低。

3.2.7 环境保护与资源综合利用技术[66]

我国从 20 世纪 80 年代开始，政府将矿山生态环境保护列入议事日程并逐步开始建立法规，同时加大投入力度，加紧矿山生态环境整治工作，但法规执行力度和生态修复效果都很不理想。因此，大量的治理工作还有待逐步发展与加强。

3.2.7.1 土地复垦技术

目前，我国在采煤沉陷地复垦主要采用充填复垦和非充填复垦两类技术。充填复垦常常用矿山固体废弃物（如矸石和粉煤灰）作为充填物料，充填到采煤塌陷坑里，使其恢复到设计地面高程，从而达到复垦土地的目的。充填复垦兼具掩埋矿区固体废弃物和复垦土地的双重效应，解决了沉陷地的复垦问题，经济环境效益显著，但是充填复垦存在二次污染的可能性，复垦土壤生产能力不高。因此，非充填复垦技术比较常用。依据不同的破坏类型和程度复垦技术主要分为直接利用法、修整法、疏排法和挖深垫浅法。近年来，国内外关于矿区土地复垦和生态重建的研究十分活跃，土地复垦从工程复垦和生物复垦方面都进行了大量的研究与实践，其中矿山开发对地理条件的影响及废弃地的生态和环境综合治理、适生优良先锋植物种类的筛选和培育、土壤改良及施肥、矿山废弃地土壤的特性和改良、矿山废弃地复垦与绿化及微生物复垦技术与应用等方面已取得了许多进展。但是矿区人工植被的覆盖度仍很低，植被重建的生态效应仍不明显，生物种类单一，抗逆性差，往往出现一些生态治理的短期行为，主要是没有真正考虑土壤生态系统的稳定性和可持续性，因此应该从构建长期稳定的生态系统因子出发来进行土地修复，保证土地复垦的持续性和稳定性。

3.2.7.2 煤矸石利用技术

煤系另一种废弃物煤矸石的产量也在与日俱增，每年新增煤矸石1亿吨以上，历年累计的煤矸石已超过30多亿吨，占地2万公顷以上，已有1500多座大型矸石山。除用于充填开采外，大量的煤矸石仍然是露天堆放，占用大量土地，且经日晒、雨淋、风化、分解，产生大量的酸性水或携带重金属的离子水，下渗后污染土壤和地下水。近1/3的矸石山由于硫铁矿和含碳物质的存在发生自燃，产生有毒有害气体，这些有毒有害气体经过沉降后，形成的可溶性硫酸盐使土壤酸化，也可能引发重金属的生物有效性增加，因而硫的去除是关键。构造一个较适于植物生长的基质条件，辅以生物技术，实现煤矸石山的生态重建，可以改善区域的生态环境。

A 煤矸石烧结砖生产技术

煤矸石烧结砖生产技术主要是利用煤矸石作为原料，利用煤矸石中的热值在焙烧窑固定温度段实现内燃，烧结成节能环保、坚固耐用的建筑用承重和非承重砖。这项技术的应用不但取代了黏土制坯，也实现了传统制砖对煤炭的依赖，实现了"制坯不用土，烧砖不用煤"，减少了煤矸石对环境的破坏，增加了资源利用率，节省了大量的煤炭资源。同时，通过利用先进的烟尘处理手段，有效地降低了烧制伴生粉尘和有害气体对环境的污染，焙烧余热回收技术的应用实现了能源的再利用。

B 煤矸石发电技术

煤矸石发电是利用煤矸石在炉内燃烧使加热水变成水蒸气，蒸汽再驱动汽轮机，汽轮机带动发电机完成发电，在此过程中发生三次能量转换：煤矸石的化学能—水蒸气热能—汽轮机旋转机械能—发电机发出的电能。利用煤矸石发电提高了能源的综合利用，节约了能源，减少了环境污染，降低了有害气体排放量。

煤矸石发电流程见图 3-10。

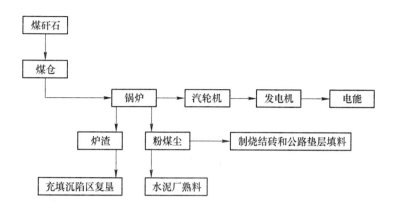

图 3-10　煤矸石发电流程图

3.2.7.3　煤炭地下气化技术

煤炭地下气化技术是将埋藏在地下的煤炭就地进行有控制的燃烧，通过对煤的化学反应与热作用产生可燃气体输送出去。煤炭地下气化技术可以回收矿井遗弃的煤炭资源。利用煤炭地下气化技术，可使我国遗弃煤炭资源 50% 左右得到利用。而且还可以用于开采井工难以开采或开采经济性、安全性较差的薄煤层、深部煤层、"三下"压煤和高硫、高灰、高瓦斯煤层。地下气化煤气不仅可以作为燃气直接民用和发电，而且还可以用于提取纯氢或作为合成油、二甲醚、氨、甲醇的原料气。因此，煤炭地下气化技术具有较好的经济效益和环境效益，大大提高了煤炭资源的利用率和利用水平，是我国洁净煤技术的重要研究和发展方向。

4 煤炭科学开采 STEEM 系统模型

4.1 相关性理论

客观事物之间总是存在一定的关系，如果用变量的形式表达一个现象对另一个现象的特征时，就反映出其变量间的依存关系。变量之间的相互关系有两种：确定性关系和不确定性关系。确定性关系也就是通常所说的函数关系，变量之间存在着一一对应的特征，有着严格的依存关系，当自变量 x 取一定值时，可以根据对应关系计算出 y 的确定值。相关关系也可以称之为统计关系，是指两个变量不存在一一对应关系，虽然变量之间存在一定的关系，但这种关系不能用函数式表达，不能由自变量 x 确定 y 的唯一确定值，是用来描述两个变量之间的紧密程度。对于事物之间的关系研究，确定性关系和非确定性关系之间并非绝对，当出现测量误差等原因时，确定性关系可能会通过非确定性关系显现出来，而当了解了非确定性关系的内在发展规律时，非确定性关系也可以转化为确定关系。

4.1.1 相关分析原理

相关分析是分析客观事物之间关系的定量方法，其显著特点在于变量之间没有主次之分，处于等同的地位，既可以说是 x 对 y 的关系，也可以成为 y 对 x 的关系。

(1) 按照形式可划分为线性相关和非线性相关。线性相关也是直线相关，这是最为简单的情况，即两个变量之间存在直线关系，一个变量的增加会引起另一个变量的增加或者减少。当变量之间不能以一定比例变化时，称为非线性相关。直线的线性相关要求两个变量服从联合的双变量正态分布，如果不服从正态分布，就可以考虑变量交换，或者采用等级相关来分析[67]。

(2) 按照方向可划分为正相关和负相关。如果一个变量随另一个变量的增加而增加，或随其减少而减少，呈现同向性，那么两个变量之间为正相关；当其中一个变量增加，而另一个变量减少时，两个变量呈现逆向性，则为负相关。

(3) 按照程度可划分为完全相关、不完全相关、不相关。完全相关是指两个变量之间的亲密程度很大，在数值上表示为 +1 或者 -1，+1 代表正相关，-1 为负相关，当两个变量等于 +1 或者 -1 时，也就变成了确定性的函数关系，可用 x 的值得出 y 值；当变量之间相互独立、数值上表示为 0 时，变量之间不存在相关性，称为不相关；当变量之间存在着不严格的依存关系，介于（-1，0）（0，1）之间时，称为不完全相关。

4.1.2　相关关系识别

在相关分析中并非每个变量之间都存在着相关关系，因此需要用相关分析的方法对其之间的关系进行初步的判断，看是否存在相关性，如存在相关关系，再判别其形式、方向、程度等。可以采用散点图方法对相关关系进行初步识别。

散点图是分析相关关系中最为直观的方法，也是最为简单的方法。散点图是将测量值放映在二维坐标轴上，通过呈现在坐标轴上的特征来判断相关关系。图 4-1 ~ 图 4-8 是几种常见的散点图及相关程度。

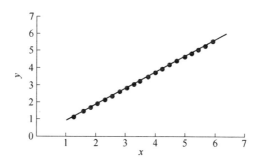

图 4-1　完全正相关

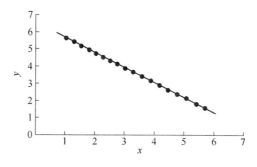

图 4-2　完全负相关

图 4-1 ~ 图 4-8 中以图形法体现了变量的相关关系识别，图 4-1 和图 4-2 表示的是完全正相关和完全负相关关系，其表示为相关系数在一条直线上；图 4-3 表示的是弱相关关系，其相关系数松散地在围绕在直线上下；图 4-4 为较强相关，

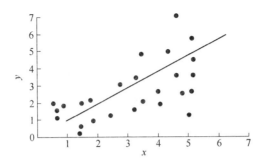

图 4-3 弱相关

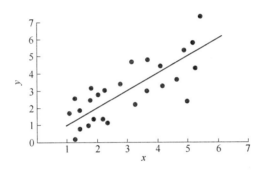

图 4-4 较强相关

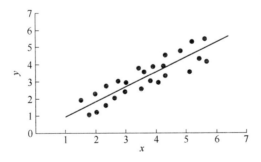

图 4-5 强正相关

其相关系数相对于弱相关来说，相对紧密地围绕在直线上下；图 4-5 和图 4-6 分别表示为强正相关和强负相关，其斜率呈正负不同，相关系数均紧密地落在直线周边；图 4-7 为非线性相关，主要表现在其相关系数趋势线呈现曲线形式；

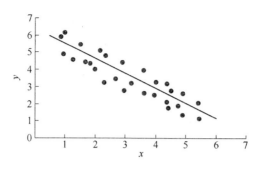

图 4-6　强负相关

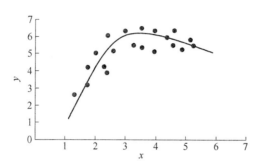

图 4-7　非线性相关

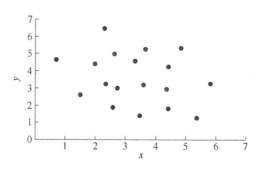

图 4-8　不相关

图 4-8 为不相关，相关系数呈随机分布。根据图形特征可以初步判断出各指标之间的相关关系，但这仅仅是初步的判断，不能得到精准的数值，因此在散点图的基础上要对相关关系做进一步的计算。

4.1.3 相关系数计算方法

相关系数是以数值的形式精确地体现变量之间相关关系强弱程度的指标，通常用 r 表示相关系数，用 p 表示总体相关系数，计算相关系数有两大步骤[68]。

4.1.3.1 计算相关系数

在计算变量的相关系数时，应用公式（4-1）：

$$r_{ij} = \frac{\sum (x_i - \bar{x}_i)(x_j - \bar{x}_j)}{\sqrt{\sum (x_i - \bar{x}_i)^2 (x_j - \bar{x}_j)^2}}$$

$$R = \begin{bmatrix} 1 & r_{12} & \cdots & r_{1p} \\ r_{21} & 1 & \cdots & r_{2p} \\ \vdots & \vdots & \vdots & \vdots \\ r_{n1} & r_{p2} & \cdots & 1 \end{bmatrix} \tag{4-1}$$

得到 r 后，需要对 r 进行等级的划分，判断 r 值的区间，不同的变量应采用不同的相关系数指标，不同的取值范围其含义不同：

（1）r 取值范围为 $[-1, 1]$；

（2）$r=0$ 时，变量间无线性相关；$r<0$ 时，变量为负线性相关；$r>0$ 时，变量为正线性相关；

（3）$r=-1$ 时，变量为完全负线性相关；$r=1$ 时，变量为完全正线性相关；

（4）$0 \leqslant |r| \leqslant 0.3$ 时，变量为微弱线性相关；

（5）$0.3 < |r| \leqslant 0.5$ 时，变量为低度线性相关；

（6）$0.5 < |r| \leqslant 0.8$ 时，变量为显著线性相关；

（7）$0.8 < |r| < 1$ 时，变量为高度线性相关。

4.1.3.2 统计推断

由于抽样样本容量不大和样本的随机性等原因，不能以部分样本的相关系数表明两个总体样本之间的相关关系，这就需要对样本来源的总体进行假设检验，判断其是否存在显著的线性相关关系。

（1）提出假设检验，$H_0: r=0$，$H_1: r \neq 0$；

（2）选择检验统计量，不同种类的相关关系选择不同的检验统计量，其中 Pearson 相关应用 T 统计量检验，Spearman 和 Kendall τ 应用 Z 统计量检验；

（3）计算检验统计量观测值和对应概率 P 值；

（4）当概率 P 值小于给定的显著水平 a 时，拒绝原假设，即两个总体样本间存在显著的线性相关；当概率 P 值大于给定的显著水平 a 时，接受原假设，即两个总体样本间不存在线性相关。

4.1.4　相关系数种类

统计学中，根据数据的计量尺度变量可以分为定距变量、定序变量和定类变量。由于变量的类型不同，因此在对变量进行相关关系分析时也要采用不同的度量方法，在相关分析中，常用的方法有三种。

4.1.4.1　Pearson 简单相关系数

Pearson 简单相关系数是由英国统计学家 Pearson 设计的，因此而得名。Pearson 法主要是度量定距型变量之间的线性相关关系。定距变量可以测量同一类别变量之间的大小和高低距离。数学表达式可以写成公式（4-2）：

$$r = \frac{\sum\limits_{i=1}^{n}(X_i - \overline{X})(Y_i - \overline{Y})}{\sqrt{\sum\limits_{i=1}^{n}(X_i - \overline{X})^2 \sum\limits_{i=1}^{n}(Y_i - \overline{Y})^2}} \tag{4-2}$$

式中　n——样本量；

　X_i，Y_i——变量值。

对公式（4-2）可以进行处理得到简单相关系数，表达式可写成：

$$r = \frac{1}{n}\sum\limits_{i=1}^{n}\left(\frac{X_i - \overline{X}}{S_x}\right)\left(\frac{Y_i - \overline{Y}}{S_y}\right) \tag{4-3}$$

式中，$\left(\dfrac{X_i - \overline{X}}{S_x}\right)$ 为变量 X 的标准化，$\left(\dfrac{Y_i - \overline{Y}}{S_y}\right)$ 为变量 Y 的标准化，在对变量 X 和 Y 进行标准化乘积后取平均值。从公式（4-3）中可以得出以下特点：

（1）在公式（4-2）和公式（4-3）中，变量 X 和变量 Y 的地位是对等的；

（2）Pearson 简单相关系数是无量纲的，这是由于变量 X 和 Y 的值是标准化后进行计算的；

（3）由于变量 X 和 Y 是对称的，因此在变换变量 X 和 Y 的顺序后，其相关方向可能改变，即正负号的改变，但相关系数绝对值不变；

（4）但变量 X 和 Y 之间呈现非线性相关关系时，用 Pearson 方法是无法计算的，其只能用于度量线性相关关系变量。

Pearson 简单相关关系的检验统计量为 t 统计量，其数学定义为：

$$t = \frac{r\sqrt{n-2}}{\sqrt{1-r^2}} \tag{4-4}$$

式中，t 统计量服从 $n-2$ 个自由度的 t 分布。

4.1.4.2　Spearman 等级相关系数

Spearman 等级相关系数又称秩相关系数，用来度量定序变量的线性相关。在计算中，由于数据属于非定距数据，所以不能直接应用原始数据进行计算，而是利用数据的秩。Spearman 方法的计算思路与 Pearson 简单相关系数相同，其指标特征也相同，所以可以利用公式（4-5）计算。首先将变量 X_i 和 Y_i 从小到大进行编秩，U_i 表示 X_i 秩次，V_i 表示 Y_i 秩次，即（U_i，V_i）代替（X_i，Y_i）代入公式（4-5）中，经过简化处理，得到公式（4-5）：

$$r = 1 - \frac{6\sum\limits_{i=1}^{n} D_i^2}{n(n^2 - 1)} \tag{4-5}$$

式中
$$\sum_{i=1}^{n} D_i^2 = \sum_{i=1}^{n} (U_i - V_i)^2$$

在小样本数据中，Spearman 等级相关系数服从 Spearman 分布；在大样本数据中，Spearman 等级相关系数的检验统计量为 U 统计量，即：

$$U = r\sqrt{n-1} \tag{4-6}$$

式中，U 统计量服从近似标准正态分布。

4.1.4.3　Kendall τ 相关系数

Kendall τ 相关系数是用非参数检验法度量定序变量之间的线性相关关系。其也是以变量的秩为计算基础，即利用变量秩计算一致对数目 U 和非一致对数目 V，其中 $U = \sum\limits_{i=1}^{n}\sum\limits_{j>i}(d_j > d_i)$，$V = \sum\limits_{i=1}^{n}\sum\limits_{j>i}(d_j < d_i)$，可以将 Kendall τ 写成数学形式：

$$\tau = (U - V)\frac{2}{n(n-1)} \tag{4-7}$$

在小样本中 Kendall τ 服从 Kendall 分布；在大样本中 Kendall τ 服从 Z 检验统计量：

$$Z = \tau\sqrt{\frac{9n(n-1)}{2(2n+5)}} \tag{4-8}$$

式中，Z 统计量服从近似正态分布。

4.2　STEEM 系统协调度理论分析

协调度是研究各个因素之间的相互关系，不仅分析各因素之间的关系和每个子系统之间的关系，而且还分析系统合成后的共生协调性。系统协调通过某种方法实现系统从无序到有序的过程，找出解决的方案，使得系统达到协同的状态，其目的在于降低系统负外部效应，同时提高系统的整体功能和效率[69]。系统协调度是以数学的模式将系统进行定量分析，以反映系统的协调程度，其具有多层次、动态性、复杂性和目标性四个特点[70]。

4.2.1　STEEM 各系统间关系分析

从系统论的角度去思考 STEEM 系统，从微观上说，STEEM 系统看作是一个相互联系、相互作用的复杂的整体，从宏观上说，STEEM 系统又和外界进行着物质流、能量流、信息流和资金流的交换。经济系统主要是指与煤炭科学开采过程直接相关的投入，如设备投入费用、对环境破坏的环境补偿费用、回采工效、生产成本等，经济系统服务于安全、技术、环境和管理系统，为其他四个系统提供保障、高效设备和技术研发费用的投入，使得开采过程更加安全、高效、舒适，也减少了对环境的破坏；管理系统是煤炭开采过程中对人、设备、环境的管理，人是主管因素，降低人为造成的事故，必须加强对人员的管理，在前期要做到对人员进行安全生产培训，增加技术人员数量，而对设备的管理是对人员管理的延伸，减少操作失误造成的事故，使得开采过程具有可控性；安全系统是其他四个系统共同努力的结果，资金的投入、管理水平的提升、研发技术的介入，无疑都是为了保证开采的安全性，预防、控制、减少人员与设备的伤损，是建设本质安全矿井的关键；技术系统是对整体系统的支撑，只有技术的不断提升，才能增加煤炭开采的安全性，减少灾害事故，降低百万吨死亡率，才能提高煤炭回采率，提升企业经济效益，才能降低由于开采对环境的扰动与破坏；环境系统是 STEEM 系统中相对被动的一个系统，主要是被动接受或承载开采过程中产生的废弃物，但良好的环境也为其他系统提供了生存条件。STEEM 系统的相互关系如图 4-9 所示。

4.2.2　STEEM 系统特征分析

在分析了 STEEM 系统的相关关系后，可以将 STEEM 系统的特征概括为几个方面：复杂性、开放性、不确定性。

4.2.2.1　安全—技术—经济—环境—管理（STEEM）系统的复杂性

STEEM 系统是由五个子系统构成的，其中在每一个子系统下又存在着很多因素/指标，这些因素又都具有不同的特点、状态和表现形式，因此增加了 STEEM 系统的复杂程度。在 STEEM 大系统中，每个子系统间的相互关系是复杂的，其中管理系统尤为复杂，这主要是涉及人员管理，主观因素多，加大了系统

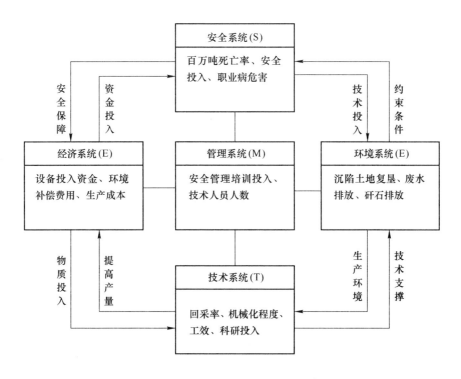

图 4-9 STEEM 系统相互关系

的复杂度。其次 STEEM 系统复杂性表现在，不仅存在子系统间的关系，还存在子系统内部各因素相互间的关系，在协调各因素和系统的过程中，由于因素间关系不断变化，系统表现为多层次、多属性、多样化、多方面，这在一定程度上也增加了整体系统的复杂程度。

4.2.2.2 安全—技术—经济—环境—管理（STEEM）系统的开放性

虽然本书研究的 STEEM 系统属于狭义的科学采矿，但煤炭科学开采的 STEEM 系统并不是单独存在的，而是依附于科学采矿的大系统，与科学采矿的大系统进行着物质流、能量流、信息流和资金流的交换，因此可以说 STEEM 具有开放性。同时，STEEM 系统还表现为各子系统之间的开放性，每个子系统之间也进行着微循环。

4.2.2.3 安全—技术—经济—环境—管理（STEEM）系统的不确定性

在控制论中，以颜色区分对事物的认知，黑箱代表不能通过对事物的直接观察得到其系统内部的特征和结构，仅知道输入－输出之间的简单关系，属于完全未知的区域；白箱与黑箱相反，代表的是系统内部的特征和结构是完全清楚的、可知的，信息量充足；灰色理论是介于黑箱与白箱之间的，其内部特征和结构不完全明确，仅有部分信息是已知的、明确的。煤炭科学开采的 STEEM 系统正是一个灰色系统，由于 STEEM 系统内的部分因素是不确定的、变动的，部分变量是未知的，且信息量不足，因此 STEEM 系统具有不确定性，也因此 STEEM 不能找出物理原型，不能找出每个变量之间的映射关系，仅能应用逻辑关系找出系统内部的特征和结构，建立一定的关系。

4.2.3 STEEM 系统协调内容

从 STEEM 系统的相互关系与特征来看，其内部结构是紧密相连的，因此系统协调的内容是十分关键的，这关系到系统是否能够协调地发展。各子系统之间的协调发展将促进整体系统的良性循环和发展，最大限度地减小系统的失调，分析失调因素，进行调整。STEEM 系统协调内容分为以下几点：

（1）结构协调。系统结构的协调也就是各子系统内部的因素相互协调。系统的结构是由每一个单独的因素组成的，因此只有分析各个因素之间的关系，确定其相关性的大小，才能从个体到整体的分析整个系统结构。对 STEEM 系统的结构分析，可以揭示系统的发展状况和运行状态。

（2）功能协调。STEEM 系统的功能是由各子系统功能组成和实现的。STEEM 系统的 5 个子系统都有着各自的特征，尽管如此，作为一个整体，每一个子系统都是必不可少的，一个子系统的失调或失控将影响整体系统的功能和运行状态，应尽力做到各子系统的组合是最优的，降低干扰因素，达到整体系统的最优，使系统功能发挥达到最大化。

（3）时间协调。任何系统都是运动的，是发展的，不会是一成不变的，煤炭科学开采的 STEEM 系统也是如此。STEEM 系统的发展也是具有时间性的，会随着时间的变化而变化，因此，应该在不同时间段设立不同的协调目标和水平，这样有利于目标的实现，使得系统更加科学、可行。

将煤炭科学开采 STEEM 系统协调的内容以数学的方式表达为：

$$C = C\{C_s, C_f, C_t\} \tag{4-9}$$

式中　C——STEEM 系统协调的总体包含内容；

　　　C_s——结构协调；

　　　C_f——功能协调；

　　　C_t——时间协调。

4.2.4 STEEM 系统协调的概念模型

STEEM 系统的协调目标是使安全—技术—经济—环境—管理五个子系统的

协调度达到最大效益，因此，可以用线性规划的理论从数学的角度去衡量，并把 STEEM 系统协调的概念模型表示如下：

目标： $G_{\max} = F\{S(s,f,t),T(s,f,t),E_c(s,f,t),E_v(s,f,t),M(s,f,t)\}$

约束条件： $S > S_{\min}$ ， $T > T_{\min}$ ， $E_c > E_{c\min}$ ， $E_v > E_{v\min}$ ， $M > M_{\min}$

式中　$G_{\max}$——系统协调发展状态最大化；

　　　S——安全系统协调变量；

　　　T——技术系统协调变量；

　　　E_c——经济系统协调变量；

　　　E_v——环境系统协调变量；

　　　M——管理系统协调变量；

　　　s——结构变量；

　　　f——功能变量；

　　　t——时间变量。

4.2.5　STEEM 系统协调评价的方法

协调度的评价方法大致可以分为五部分，即数据标准化 – 相关系数 – 权重计算 – 静态协调 – 动态协调，协调度构建评价方法的具体步骤如下。

4.2.5.1　构建相关的评价体系

在煤炭科学开采 STEEM 系统中，经过相关分析计算后确定相关性大，能彼此替代的指标，优化各个指标，建立 STEEM 指标系统。

4.2.5.2　STEEM 系统发展水平测度分析

为了避免由主观造成的指标误差，更加客观合理地反映指标权重，首先是对原始数据进行处理，即将数据进行标准化处理，公式如下：

$$y_i = \frac{x_i - \min_{1 \leqslant j \leqslant n}\{x_j\}}{\max_{1 \leqslant j \leqslant n}\{x_j\} - \min_{1 \leqslant j \leqslant n}\{x_j\}} \tag{4-10}$$

利用相关系数 r 确定权重系数。当 r 越大时，表示第 i 个指标 x_i 可以被其他指标代替，因此在综合评价中权重系数就越小。根据这一认识，可将相关系数 r 求倒数并作归一化处理，得到权重系数 W_i：

$$W_i = \frac{\dfrac{1}{r_i}}{\displaystyle\sum_{i=1}^{r} \dfrac{1}{r_i}} \tag{4-11}$$

采用加权线性和法计算煤炭科学开采 STEEM 系统综合发展水平，公式如下：

$$S = \sum_{i=1}^{n} w_i x_i \tag{4-12}$$

式中　S——安全系统的发展水平。

以此类推，可得出技术 T、经济 E、环境 E 和管理 M 的发展水平。

4.2.5.3　煤炭科学开采 STEEM 系统静态协调度计算

协调发展模型是一个定义明确但外延模糊的概念，因此需要利用模糊数学中的隶属函数进行计算[71,72]，模糊函数计算公式如下：

$$U_s = \exp\left[-\frac{(x - x')^2}{s^2} \right] \tag{4-13}$$

式中　U_s——静态协调度；

　　　x——子系统 i 的实际值或发展指数；

　　　x'——协调值，也就是子系统 i 对应的子系统 j 的发展指数；

　　　s^2——方差，可通过建立回归方程求得。

两个系统间的静态协调度计算公式为：

$$U_s(i,j) = \frac{\min\left[U_s\left(\dfrac{i}{j}\right), U_s\left(\dfrac{j}{i}\right) \right]}{\max\left[U_s\left(\dfrac{i}{j}\right), U_s\left(\dfrac{j}{i}\right) \right]} \tag{4-14}$$

$U_s(i/j)$ 为 i 系统对 j 系统状态的静态协调度，反之，$U_s(j/i)$ 为 j 系统对 i 系统的状态协调度。

4.2.5.4　煤炭科学开采 STEEM 系统动态协调度计算

STEEM 系统动态协调度是衡量各子系统之间相互协调发展程度的指标值，用 $U_m(t)$ 表示，其函数表达式为：

$$U_m(t) = \frac{1}{T} \sum_{i=0}^{T} U_s(t - i) \tag{4-15}$$

其中，$U_s(t-T+1)$，$U_s(t-T+2)$，…，$U_s(t-1)$，那么 U_s 为系统在 $(T-1) \sim t$ 时刻的静态协调度。若后一时刻的值大于前一时刻值，即 $U_m(t-1) > U_m(t)$，那么说明该系统处于协调发展轨迹上。

4.2.5.5　协调等级划分

在系统计算完成后，需要对系统进行判断，因此需要给定判断区间，即协调度的等级，按照等级可以得知系统的协调程度，为系统的调控奠定基础。协调度等级划分见表4-1。

表4-1 系统协调度等级

协调度	等级	特征
1.0 ~ 0.90	高度协调	系统接近均衡，理想状态
0.89 ~ 0.80	明显协调	系统发展大于协调，较为理想
0.79 ~ 0.70	中等协调	个别系统需要进行调控
0.69 ~ 0.60	初等协调	系统基本保持在协调范围内
0.59 ~ 0.50	临界协调	各系统间协调程度一般
0.49 ~ 0.40	勉强协调	系统勉强保持在协调范围内
0.39 ~ 0	失调	系统衰退

4.3 STEEM 系统指标构建

4.3.1 STEEM 系统指标构建的思路

构建煤炭科学开采 STEEM 系统指标是一个复杂的过程，涉及的指标众多，指标之间关系复杂，且分类较多，因此构建 STEEM 系统指标需要利用定性与定量相结合的方法。构建科学的指标体系是取得科学结论的前提。

对于煤炭科学开采 STEEM 指标体系的构建首先要通过调查、咨询的方式初选出指标，无论其指标影响大小，都要尽可能全面、多方位、多层次地选择指标，在初选指标后，对指标进行分类处理，利用筛选方法对指标进行分析和剔除。STEEM 系统指标构建路线图如图4-10所示。

4.3.2 STEEM 系统指标的选取方法

煤炭科学开采 STEEM 系统指标的选取可以分为两步：初选和筛选。在初选阶段，本研究给出了 35 个指标，并对每个指标进行了分析，以文字形式分析了各指标间的关系以及和系统间的关系。显然可以看出，每个子系统下的各指标之间存在着一定的关系，甚至部分指标重叠性较大，因此就需要进一步对指标进行分类、筛选，去除重叠性较大的指标，避免指标的繁冗而对评价结果造成影响。在指标的筛选过程中常用到以下几种方法：

（1）相关性分析法。相关性是利用相关系数的取值来判断指标间的关系，

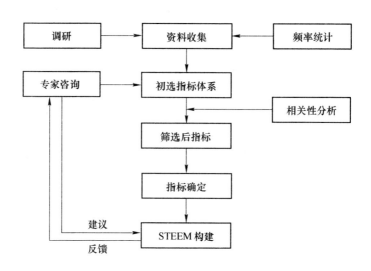

图 4-10　STEEM 系统指标构建路线图

当相关系数接近 1 时，指标之间的信息重叠性大；当介于（0，1）之间，属于正相关，指标之间有信息传递关系；当相关系数为 0 时，指标之间没有信息传递关系，不存在相关性。因此，用相关性分析的方法剔除相关系数接近 1 的指标，以一个指标代替其他指标，是完全可行的。

（2）层次分析法。层次分析法是在于 20 世纪 70 年代由美国 Satty 教授提出的，其核心内容是通过同一层次中每个子系统下的因素两两对比得出权重，从而判断各因素的重要性。选取同一层次中权重相对小的影响因素作为排除对象，只留下相对权重大的因素作为系统的指标。利用层次分析法可以减少指标的数量，避免指标过多对评价结果造成的影响。

（3）专家咨询法。专家咨询法又称德尔菲法（Delphi），是通过发放事先设计好的征求意见表给专家，通过专家的判断和填写来对指标进行筛选。这一方法的主观性大，通常是通过专家的个人经验来进行判断，因此误差较大，同时由于其耗时较长，成本过高，因此可操作性不强，只能作为补充方法进行使用。

（4）频率统计法。频率统计主要是查阅与研究内容相关的文献、书籍和报告，统计指标出现的次数，指标出现频率高的保留，指标出现频率低的剔除。频率统计法是根据历史经验进行判断，也存在一定的主观性，且由于需要阅读大量文献并进行整理，所以耗时较长。

（5）聚类分析法。在前四种方法中，主要是对每个子系统下的各因素进行筛选，如果考虑所有指标的归类问题，考虑指标群之间的全面性，可以选择聚类分析法。聚类分析是将具有同一类性质或者特性的指标划分为一类或一簇，同一簇之间的指标具有很大相似性,不同簇的指标差异较大。聚类分析法有许多方法可用,如聚类法、模糊聚类、动态聚类、分解法、合并法、有序样品聚类、有重叠聚类等。通常可以使用几种聚类方法然后进行比较,从而对指标进行筛选。

上述五种方法简单说明了在指标选取过程中的取舍问题,也是较为常用的五种方法,在指标筛选中还有其他一些方法也可以应用,但计算过程相对复杂,如变异系数法、主成分分析、熵值法、因子分析、极大不相关法等,这些方法都能从定量分析中得到各指标之间的关系,从而对指标的重叠性进行判断,选取最优的评价指标,构建模型。

4.3.3 STEEM 系统指标构建原则

基于煤炭科学开采 STEEM 系统的特征,对于系统协调指标的构建应遵循以下几点原则:

(1)目标性原则。在煤炭科学开采 STEEM 系统中,遵循指标的目标性非常重要。对于 STEEM 系统的指标选取,应集中在科学、开采这两个关键词上,紧紧围绕这两个关键词对指标进行选取。如在技术系统中的指标,一定是与开采技术相关的指标,对于洗选、利用等技术不做考虑;在环境系统中,只考虑由开采带来的矿井周边环境变化,如地表下沉、矸石山等,而不考虑整体大环境污染,如大气污染等。

(2)全面性原则。在指标的构建中,要尽量反映需要被评价对象的各个方面,但这并不意味着指标越多越好,而是要反映不同的方面。如果指标过多,指标之间的重叠性很大,那么将对整体的评价结果造成影响;但如果指标选取的过少,信息量不足,会造成评价结果的不准确。在指标初选阶段,可以选取较多指标,为之后的指标筛选做充足的准备。筛选后的指标要具有代表性,反映评价对象的多个方面和多个层次。

(3)可行性原则。指标的选取不仅要具有全面性、代表性,还要真实可行。所谓可行性,就是指标要容易获得,指标的相关数据也可得到,且数据具有真实性和稳定性,要保证数据的质量,对于定性的指标要可以量化。

(4)科学性原则。煤炭科学开采是基于系统理论的研究,具有一定的理论基础,因此在系统内的指标选择中,指标也要符合科学性,符合煤炭科学开采的定义与内涵。五个子系统的特征和评价内容应在指标中体现出来。

(5)通用性原则。由于煤炭开采的复杂性,人们对煤炭开采的不同认识,即便是在同一行业内,对开采的评价指标也是不同的,因此要尽力构建一个定量化的标准,使煤炭科学开采有统一标准可寻,以避免因评价指标衡量标准的不同而造成评价结果的不准确。

4.4　STEEM 系统初选指标分析

4.4.1　安全系统分析

煤炭科学开采的安全系统指标包括顶板灾害、瓦斯灾害、煤尘灾害、水灾、火灾以及地温热害。煤炭科学开采最基本的要求就是坚持以人为本，务必将人的生命安全作为各项工作的重中之重，不断提升矿井安全生产条件，切实保障矿工的生命财产安全。

顶板灾害是采矿作业过程中，在井下任何已开挖空间中所发生的冒顶、片帮、掉矸等事故的统称，为煤矿事故中最常见，同时也是最容易发生的事故。根据国内外煤矿事故的统计资料，一直以来顶板事故在各种类型的事故中都占有较大的比例。例如，在美国从 1999 年到 2008 年，顶板灾害导致了大约 40% 的井工煤矿死亡事故。2014 年美国煤矿安全与健康管理局发布了题为"顶板冒落事故仍然是煤矿伤亡的主要原因"的新闻通讯。据统计，在印度 1994 年到 2001 年期间，年平均煤矿事故的 24% 归咎于顶板冒落。在我国顶板事故的起数和死亡人数分别占了煤矿事故总起数和死亡人数的 50% 和 40%，这其中又有 80% 的事故发生在采煤工作面。近年来，随着我国矿井机械化水平的提升，回采工作面顶板事故发生频率显著降低，但仍滞留在较高的比例，2009 年我国煤矿顶板事故死亡人数占总死亡人数的比例超过了 35%。

瓦斯灾害是井下最严重的灾害之一，瓦斯爆炸与瓦斯突出是其主要表现。当瓦斯接触热源，并且缺乏足够的空气将其稀释到爆炸临界点以下时，就会引起瓦斯爆炸。煤与瓦斯突出是发生在井下采掘面的煤与瓦斯在瞬间大量喷出的现象。煤与瓦斯突出和瓦斯爆炸是其主要表现。瓦斯灾害的发生将直接毁坏矿井设施，对矿工产生致命威胁，情况严重可以导致煤矿停产。目前国内煤矿基本都存在瓦斯涌出，我国煤矿每年都有超过 100 亿立方米的瓦斯涌出量，高瓦斯和突出矿井在国有重点煤矿中的比例超过了 49%。随着浅部煤炭资源的逐渐开采殆尽，矿井开采深度会不断增加，而煤层瓦斯压力也随之加大，这样一来原为非突出矿井的就可能转化为突出矿井，并且突出强度和频度相对浅部都会显著增加。

煤尘是煤炭开采作业时的伴生物，其危害主要包括两个方面：一是会威胁矿工身体健康，二是产生粉尘爆炸。煤尘是指呼吸性粉尘，矿工长期在井下煤尘环境中工作，容易引发呼吸道疾病——尘肺病。根据相关资料的统计结果，我国煤矿长期接触煤尘工作的人数约为 250 万人，患了尘肺病的人数已累计超过 21.2 万人，尘肺病的发病率高达 8.5%，每年都有 2500 人左右因尘肺病而死亡。在井下这种相对封闭的空间中，煤尘在空气中达到一定浓度时，若同时具备温度和火源的条件，就会产生煤尘爆炸。我国具有煤尘爆炸危险的矿井比例超过 60%，有 16.3% 的煤矿的煤尘爆炸指数都超过 0.45。在 2005 年，黑龙江省七台河市的东风煤矿发生了特大煤尘爆炸，导致 171 人死亡，直接经济损失超过了 4293 万元。国家卫生计生委最新公布的数据显示，2016 年共报告职业病 31789 例，从病种分类来看，职业性尘肺病 27992 例，95.49% 的病例为煤工尘肺和矽肺，分别为 16658 例和 10072 例。职业性尘肺病及其他呼吸系统疾病报告例数占 2016 年职业病报告总例数的 88.36%。

煤矿井下作业会受到突水的危害，其来势凶猛，水量大，如果没有充足的防范措施或是排水能力欠缺，就会导致严重的经济损失和人员伤亡。国有重点煤矿存在水害威胁的比例超过了 48%，在 2010 年，山西华晋焦煤能源有限公司王家岭煤矿发生了"3·28"特大透水事故，该事故是由小窑老空水透水引起，使得 153 人被困井下，38 名矿工不幸遇难。该事故造成数亿元的经济损失，仅抢险花费就达到 1 亿元，排出水量超过了 4.5 万/立方米。

矿井火灾是煤矿六大自然灾害之一，火灾会影响生产安全，破坏物资设备和煤炭资源，甚至引起瓦斯、煤尘爆炸。我国长期受到矿井火灾灾害的严重威胁，多数产煤区都有自然发火危险。根据相关统计结果，我国每年有超过数百起因煤层自燃而形成的矿井火灾，其中多数为内因火灾，煤炭资源损失量约为 2 亿吨，矿井平均发火率为 0.318 次/百万吨。

地温热害是由于矿井开采向深部发展而产生的矿井第六大灾害，在高温热害环境中，工人的中枢神经容易失调，出现精神恍惚、疲劳、甚至中暑昏倒的现象，这种精神状态易诱发其他事故；地温热害还会恶化设备的工作环境，导致设备散热困难，发生故障。

矿井的六大灾害占据了我国煤矿死亡人数的极高比例，根据生产安全事故造成的人员伤亡或者直接经济损失，事故一般分为 4 个等级，即特别重大事故、重大事故、较大事故和一般事故，使每个指标都分为 4 个二级指标。

4.4.2　技术系统分析

煤矿的人员工效是用来衡量公司自身效率和效益的常用指标，体现一个煤炭企业管理和技术的发展水平，从煤炭企业的人员工效能够清晰地判定一个企业劳动生产率水平的高低。煤矿人员工效一定程度上决定了煤炭企业的市场地位、盈利水平以及成本控制。煤矿开采是一个复杂的系统工程，该系统包含了供电系统、提升运输系统、安全监测控制系统、通信系统、综合防尘系统、通风系统、给排水系统、灌浆防灭火系统和洗选系统等。矿井内各个分系统相辅相成、互相约束，进而形成了一个有机的集合体。在矿井日常生产过程中会受到诸多因素的影响，这其中最为重要的环境条件包括矿井气候、井下照明、噪声、矿井空气等，这些条件的好坏对工人的劳动效率产生了重要影响。通过合理规划和科学管理进而实现高效生产和优质生产，最终提高生产效率、降低生产成本，这是煤矿工效的目标。

为了提高采煤单位的工效应该注重科研投入，科研投入包含两个方面：一方面从分析基本系统着手，进而建立形成一套科学合理的管理模式，改良生产工艺的激励机制、完善企业的分配制度和合适的人员工休轮转制度；另一方面需要提高矿井整体机械化水平，在全国大型煤炭企业之中（截至 2014 年统计），中煤集团和神华集团的原煤工效分别为 27.62t/工和 24.56t/工，开滦集团、陕西煤化、潞安集团、兖矿集团、晋城煤业也都超过了 10t/工。全国范围内原煤工效最高的矿井是神东煤炭公司的哈拉沟煤矿，其原煤工效约为 197.9t/工，已经超越了美国和澳大利亚等原煤工效先进国的水平。研究表明，煤炭公司采煤机械化水平高，那么其原煤工效也高。中煤集团和神华集团的采煤机械化水平分别达到了99.71% 和 98.74%，其余采煤机械化水平在 90% 以上的煤炭企业的原煤工效也在 10t/工以上。此外，煤矿回采率也受到科研投入的直接和间接影响，例如发明新的采煤方法、改进采煤工艺、研发新的边角煤回收装备等。

4.4.3 经济系统分析

煤炭的生产成本包含公司日常运营的必须开支，分为制造成本和期间费用。煤炭的制造成本包括设备折旧修理费、井巷工程费用、电力消耗、生产材料、大型材料和工具、工资、技术措施、维持简单再生产的投入以及生产所需的其他投入等；期间费用包含销售费用、管理费用、财务费用等。在煤炭的生产成本中，设备投入至关重要。较高的设备投入必然对应较高的技术水平，而较高的技术水平意味着较低的外部成本。高水平的技术需要大量的经费来支持，进而增加了生产成本。高水平的技术虽然增加了总成本，但由于规模效益的增加间接降低了成本。机械化开采乃至智能化开采，不但使生产效率大大提高，还能降低百万吨死亡率和劳动成本，是矿井高产高效安全生产的保证，因而需要将其单独作为一个指标。

环境有效保护、资源合理开采、价值充分补偿是煤炭科学开采的基本要求，可是，煤炭企业作为市场经济的一部分，自然会追求利润最大化，竭尽所能降低开采成本。因此目前煤炭的开采成本多指生产成本，而忽略了环境成本。煤炭生产的环境成本是指为补偿煤炭企业的开采活动对矿区及周边环境产生的影响，需要采取或被要求采取而投入的措施成本，还包括因企业要达到环境目标或要求所投入的其他成本。这些成本主要用于治理地表沉陷、保护水资源、处理矿井废水、治理生态环境、保护煤炭资源等方面。例如，煤炭企业支付给当地政府的各种排污费、环保费；企业为环保和节能做出的投入；当地政府摊派给企业的环境治理费用等。在当前的煤炭成本构成中，资源价款和环境治理费用均未能得到客观反映。从山西省公布的资料中可以看出，1978～2003 年期间，山西省共产出煤炭约 65 亿吨，相应的环境污染和生态破坏就造成 4000 亿元的环境损失。有专家分析指出，需要投入超过 1000 亿元的资金才有可能恢复到接近当初的生态环境。这就意味着吨煤成本需要加入 15.38 元的环境补偿费用，可是事实上 2001～2005 年，整个山西省平均为地面塌陷所提取的费用仅为 0.318 元/t，仅为实际需要的 2%，而同煤集团仅为 0.01 元/t，更与实际需要的补偿相距甚远。

4.4.4　环境系统分析

　　党的十八大以来，我国不断制定和完善环境保护与污染治理相关政策和法律法规。2013 年 6 月，国务院总理李克强主持召开国务院常务会议，部署了大气污染防治十条措施；2014 年 4 月和 2015 年 8 月全国人民代表大会常务委员会分别修订通过了《中华人民共和国环境保护法》和《中华人民共和国大气污染防治法》；2015 年 7 月，习近平总书记主持召开中央全面深化改革领导小组会议上研究审议了《生态文明体制改革总体方案》及其配套文件，即“1+6 系列文件”；2016 年 10 月，环保部正式发布了《民用煤燃烧污染综合治理技术指南（试行)》；2017 年 3 月，国务院总理李克强在政府工作报告中提到“坚决打好蓝天保卫战”的相关措施。从以上的政策和法律法规中，我们可以提取几个关键词：调整能源结构、煤炭清洁高效利用、排放控制与标准、散煤综合治理等，这些都是与我们煤炭行业息息相关的，也正是因为这些政策和法律法规的公布，促进了煤炭行业的转型升级，推动了煤炭行业技术进步。

　　我国井工煤矿现行的采空区处理方法多为垮落法，在煤炭被采出后，随着顶板冒落，采空区上覆岩层向采空区方向移动，部分采空区会引起地表沉降，破坏地面建筑物、构筑物和农田等。我国每年都有约 4000km^2 土地变为塌陷区，且有逐渐恶化的发展趋势。煤炭开采引起的岩层移动会导致地下水的疏干和排泄，这样的结果必然引起地下水位大幅度下降，极有可能引起供水水源枯竭，以致地表植被干枯，农作物产量降低，自然景观破坏，甚至引发地表土壤的沙化。地表沉陷是岩层移动的最重要表现，通过地表沉降这一指标，可以较好地评估煤炭开采引起的岩层移动对环境的影响，是环境系统中的重要指标之一。

　　矿井废水主要包含采矿废水、煤炭洗选废水（煤泥水）以及源自工业广场的生活废水三个部分。大量排放的矿井废水、未处理的选煤厂废水以及露天堆煤场的雨水都会污染地表水系或地下浅水层，导致矿区周边的沼泽地域积水池、径流均变为黑色死水。煤炭资源储量最为丰富的华北、西北地区的淡水资源却相对匮乏，例如，山西省受煤炭开采影响，使得 18 个县的 28 万人日常用水出现问题，有约 30 亿平方米的水田成为旱地。

　　在煤炭露天开采中，需要剥离地表岩土层；而在煤炭地下开采中，又需要开掘一系列巷道，这都会产生大量矸石。有统计显示，我国每年煤矸石的排放量占原煤产量的 15% ~ 20% 。这些煤矸石大多发热量低，因而综合利用受到限制，现有煤矸石的利用率仅为 42% 左右，剩余大量未被利用的煤矸石只能作为固体废弃物堆积起来，成为矿区独特的标志——矸石山。煤矸石大多堆积在井口附近，紧邻居民区，一方面占用矿区的土地面积，另一方面影响了周围耕地，受影响的耕地变得贫瘠，难以被利用。矸石山风化、崩解后还会产生大量颗粒物，在风力的作用下，矿区大气的质量受到严重影响。矸石堆中的残煤自燃会使矸石融结，并产生大量的以 SO_2 为主的有毒有害气体。

4.4.5　管理系统分析

我国是从 20 世纪 80 年代开始的煤矿质量标准化建设，经过三十多年的发展，形成了一套相对完整的安全质量标准化管理办法。在 2004 年，我国就制定了《煤矿安全质量标准化标准和考核评级办法》，2008 ~ 2009 年间，又先后下发了《关于深入开展煤矿安全质量标准化工作的通知》和《关于深入持久开展煤矿安全质量标准化工作的指导意见》，这足以展现煤矿安全质量标准化的重要性。煤炭企业安全质量标准化达标率不仅能够显示职工执行安全要求的能力、企业高层安全理念的坚定性，还能展现一个煤矿的安全状况。本质安全型煤矿建设需要以现有煤矿安全质量标准化、安全管理模式为基础，是煤炭科学开采的根本。

煤矿生产具有专业性要求比较高的特点，无论是管理还是技术工作都需要一批高素质的专业技术人员。譬如，辨识与推断地质构造需要掌握地质专业知识的人才，而处理采煤作业时遇到的技术难题就需要具备丰富采矿、安全专业知识的技术人员。伴随着国内机械化水平的不断提高，具备机电专业知识的工程技术人员也越来越重要。一般来说，技术人员的数量与能力不但决定了煤炭企业安全管理水平的高低，也是矿井安全生产的重要保障。

设备完好台数和设备完好率是一个反映企业技术发展水平和管理水平的重要指标，设备完好率一般考核主要生产设备，它是指完好的生产设备在总体生产设备中所占比重，计算公式为：设备完好率 $= \dfrac{完好设备总台数}{生产设备总台数} \times 100\%$。我国煤炭行业目前有相应的管理规程，如《煤炭工业企业设备管理规程》，除此之外，各企业内部也有相应的标准和规程，这样有利于设备的统一管理。

4.5　煤炭科学开采 STEEM 系统指标相关性分析

在煤炭科学开采的 STEEM 系统中，由于系统内影响煤炭科学开采评价的因素众多，会对评价结果造成影响，不能反映真实的煤炭科学开采标准，因此需要对指标的相关性进行分析和计算，利用 SPSS 统计分析软件计算得到各个指标之间的相关系数，对相关系数较大的两个变量进行取舍，简化 STEEM 指标体系，为构建简单、实用、合理和科学的煤炭科学开采 STEEM 系统模型奠定基础。

4.5.1　安全系统下各指标相关性分析

通常，用于评价煤炭生产安全的指标是百万吨死亡率，即每生产 100 万吨煤炭死亡的人数比例，这是衡量煤炭安全生产的一个十分重要的指标。然而，煤炭百万吨死亡率又和很多因素有关，如死亡人数、安全投入、灾害发生次数、事故起数等。但仅从文字上分析各个指标之间的相关关系是不足以说明其相关关系强弱的，也不能作为选取和筛除指标的依据，因此，需要以客观的统计方法对指标之间的相关关系做出说明。根据 2000 ~ 2013 年中国煤炭工业年鉴[73~86]和 2000 ~ 2013 年煤炭工业统计年报数据[87~99]，并利用 SPSS 统计分析软件可以得出指标间的相关系数。

图 4-11 ~ 图 4-14 分别是百万吨死亡率与死亡人数、安全投入、事故起数和职业病患病人数的散点图。从图 4－11 和图 4－13 所示散点图可以初步判断百万吨死亡率与死亡人数和事故起数呈线性正相关，即死亡人数和事故起数越多百万吨死亡率越大；从图 4-12 所示散点图可以看出，百万吨死亡率与安全投入呈线性负相关，即安全投入越大，百万吨死亡率就会降低；从图 4-14 所示散点图可以看出，百万吨死亡率与职业病患病人数之间不存在线性关系。图 4-15 ~ 图 4-26 中详细分析了百万吨死亡率与六大事故（顶板、瓦斯、机电、水灾、火灾、运输）起数及死亡人数的关系，说明百万吨死亡率与六大事故均呈现线性正相关。

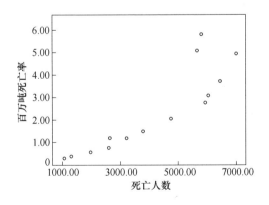

图 4-11　百万吨死亡率与死亡人数的关系

散点图只是直观地分析了各指标间的关系，为选择相关性分析的计算方法提供依据。由于数据符合 Pearson 简单相关分析法，所以在 SPSS 计算过程中选择 Pearson 法，计算结果如下：

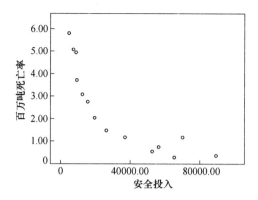

图 4-12　百万吨死亡率与安全投入的关系

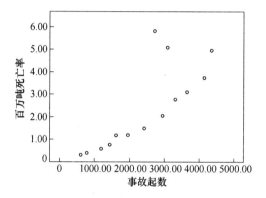

图 4-13　百万吨死亡率与事故起数的关系

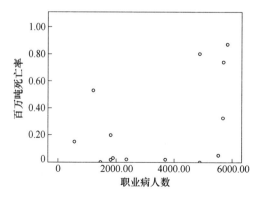

图 4-14　百万吨死亡率与职业病的关系

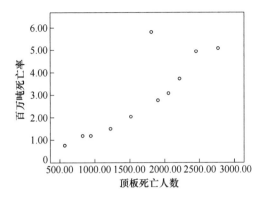

图 4-15　百万吨死亡率与顶板死亡人数的关系

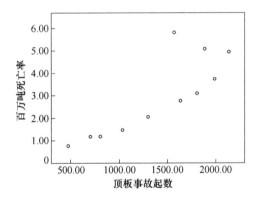

图 4-16　百万吨死亡率与顶板事故起数的关系

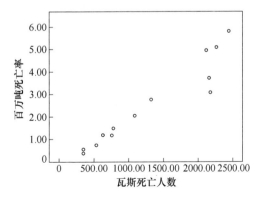

图 4-17　百万吨死亡率与瓦斯死亡人数的关系

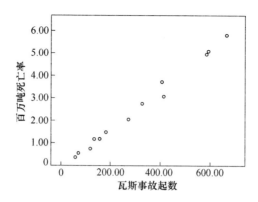

图 4-18　百万吨死亡率与瓦斯事故起数的关系

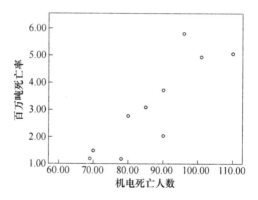

图 4-19　百万吨死亡率与机电死亡人数的关系

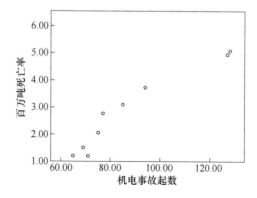

图 4-20　百万吨死亡率与机电事故起数的关系

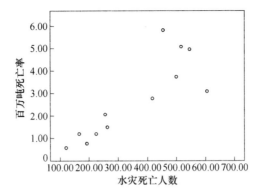

图 4-21 百万吨死亡率与水灾死亡人数的关系

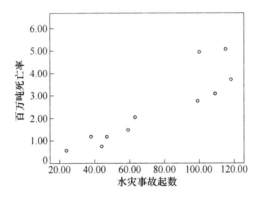

图 4-22 百万吨死亡率与水灾事故起数的关系

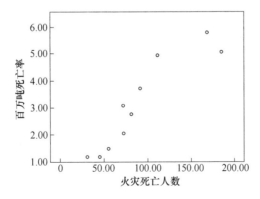

图 4-23 百万吨死亡率与火灾死亡人数的关系

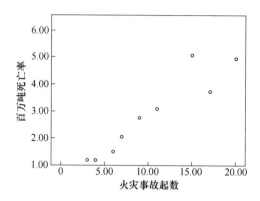

图 4-24　百万吨死亡率与火灾事故起数的关系

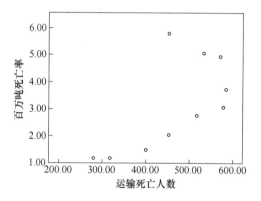

图 4-25　百万吨死亡率与运输死亡人数的关系

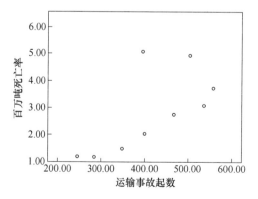

图 4-26　百万吨死亡率与运输事故起数的关系

　　计算结果表明，百万吨死亡率与死亡人数呈高度正相关，相关系数为0.882；与安全投入呈低度负相关，相关系数为 -0.359，也就是说，当安全投入加大时，百万吨死亡率会随之降低，但降低不明显，这有可能是由于安全投入滞后性所造成的；百万吨死亡率与事故起数呈显著正相关，相关系数为0.793，事故发生次数多少会影响百万吨死亡率的上升或下降；计算显示，百万吨死亡率与职业病患病人数是无关的，这说明，在开采过程中产生的粉尘致使生产人员患尘肺病等疾病不直接影响百万吨死亡率，如表4-2所示。

表4-2　安全系统相关性系数

项　　目		百万吨死亡率	死亡人数	事故起数	职业病	安全投入
百万吨死亡率	Pearson 相关性	1	0.882	0.793[①]	-0.008	-0.359[②]
	显著性（双侧）		0.000	0.001	0.980	0.012
	N	14	14	14	14	14
死亡人数	Pearson 相关性	0.882	1	0.978	-0.003	-0.621
	显著性（双侧）	0.000		0.000	0.068	0.000
	N	14	14	14	14	14
事故起数	Pearson 相关性	0.793[①]	0.978	1	0.62	-0.569
	显著性（双侧）	0.001	0.000		0.085	0.000
	N	14	14	14	14	14
职业病	Pearson 相关性	-0.008	-0.003	0.062	1	-0.213
	显著性（双侧）	0.980	0.068	0.085		0.013
	N	14	14	14	14	14
安全投入	Pearson 相关性	-0.359[②]	-0.621	-0.569	-0.213[②]	1
	显著性（双侧）	0.012	0.000	0.000	0.013	
	N	14	14	14	14	

　　① 在0.01水平（双侧）上显著相关；
　　② 在0.05水平（双侧）上显著相关。

　　表4-3～表4-14计算结果显示，百万吨死亡率与六大灾害事故都呈线性相关，其中受瓦斯事故影响最大，相关系数为0.996，与机电死亡人数相关性较小，相关系数为0.596，这说明，瓦斯灾害事故的发生起数和死亡人数占我国煤炭百

万吨死亡率的比例很大，因此，在煤炭科学开采中，安全系统应该对瓦斯灾害的防控加以重视。

表 4-3　百万吨死亡率与顶板事故起数相关性

项　　目		百万吨死亡率	顶板事故起数
百万吨死亡率	Pearson 相关性	1	0.837
	显著性（双侧）		0.001
	N	14	14
顶板事故起数	Pearson 相关性	0.837	1
	显著性（双侧）	0.001	
	N	14	14

表 4-4　百万吨死亡率和顶板死亡人数相关性

项　　目		百万吨死亡率	顶板死亡人数
百万吨死亡率	Pearson 相关性	1	0.854
	显著性（双侧）		0.001
	N	14	14
顶板死亡人数	Pearson 相关性	0.854	1
	显著性（双侧）	0.001	
	N	14	14

表 4-5　百万吨死亡率和瓦斯死亡人数相关性

项　　目		百万吨死亡率	瓦斯死亡人数
百万吨死亡率	Pearson 相关性	1	0.955
	显著性（双侧）		0.000
	N	14	14
瓦斯死亡人数	Pearson 相关性	0.955[①]	1
	显著性（双侧）	0.000	
	N	14	14

① 在 0.01 水平（双侧）上显著相关。

表 4-6 百万吨死亡率和瓦斯事故起数相关性

项 目		百万吨死亡率	瓦斯事故起数
百万吨死亡率	Pearson 相关性	1	0.956
	显著性（双侧）		0.000
	N	14	14
瓦斯事故起数	Pearson 相关性	0.956[①]	1
	显著性（双侧）	0.000	
	N	14	14

① 在 0.01 水平（双侧）上显著相关。

表 4-7 百万吨死亡率和机电死亡人数相关性

项 目		百万吨死亡率	机电死亡人数
百万吨死亡率	Pearson 相关性	1	0.596
	显著性（双侧）		0.053
	N	14	14
机电死亡人数	Pearson 相关性	0.596[①]	1
	显著性（双侧）	0.053	
	N	14	14

① 在 0.05 水平（双侧）上显著相关。

表 4-8 百万吨死亡率和机电事故起数相关性

项 目		百万吨死亡率	机电事故起数
百万吨死亡率	Pearson 相关性	1	0.729
	显著性（双侧）		0.026
	N	14	14
机电事故起数	Pearson 相关性	0.729	1
	显著性（双侧）	0.026	
	N	14	14

表 4-9　百万吨死亡率和水灾死亡人数相关性

项　目		百万吨死亡率	水灾死亡人数
百万吨死亡率	Pearson 相关性	1	0.845
	显著性（双侧）		0.001
	N	14	14
水灾死亡人数	Pearson 相关性	0.845	1
	显著性（双侧）	0.001	
	N	14	14

表 4-10　百万吨死亡率和水灾事故起数相关性

项　目		百万吨死亡率	水灾事故起数
百万吨死亡率	Pearson 相关性	1	0.903
	显著性（双侧）		0.0
	N	14	14
水灾事故起数	Pearson 相关性	0.903	1
	显著性（双侧）	0.0	
	N	14	14

表 4-11　百万吨死亡率和火灾死亡人数相关性

项　目		百万吨死亡率	火灾死亡人数
百万吨死亡率	Pearson 相关性	1	0.913
	显著性（双侧）		0.000
	N	14	14
火灾死亡人数	Pearson 相关性	0.913	1
	显著性（双侧）	0.000	
	N	14	14

表 4-12 百万吨死亡率和火灾事故起数相关性

项 目		百万吨死亡率	火灾事故起数
百万吨死亡率	Pearson 相关性	1	0.944
	显著性（双侧）		0.0
	N	14	14
火灾事故起数	Pearson 相关性	0.944	1
	显著性（双侧）	0.0	
	N	14	14

表 4-13 百万吨死亡率和运输死亡人数相关性

项 目		百万吨死亡率	运输死亡人数
百万吨死亡率	Pearson 相关性	1	0.665
	显著性（双侧）		0.036
	N	14	14
运输死亡人数	Pearson 相关性	0.665	1
	显著性（双侧）	0.036	
	N	14	14

表 4-14 百万吨死亡率和运输事故起数相关性

项 目		百万吨死亡率	运输事故起数
百万吨死亡率	Pearson 相关性	1	0.673
	显著性（双侧）		0.047
	N	14	14
运输事故起数	Pearson 相关性	0.673	1
	显著性（双侧）	0.047	
	N	14	14

4.5.2 技术系统下各指标相关性分析

技术在煤炭科学开采 STEEM 系统中是支撑性的作用，技术系统下的各个指标主要用于衡量煤炭开采技术进步所带来的贡献，主要研究采煤机械化程度与产量、工效、回采率的关系。首先做散点图判断其是否存在线性相关关系，散点图如图 4-27 ~ 图 4-31 所示。

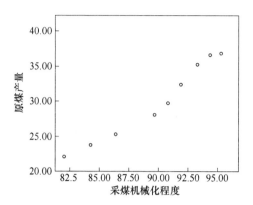

图 4-27   采煤机械化程度与原煤产量的关系

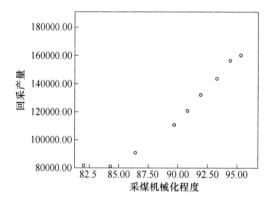

图 4-28   采煤机械化程度与回采产量的关系

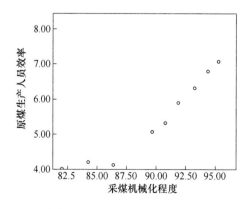

图 4-29   采煤机械化程度与原煤生产人员效率的关系

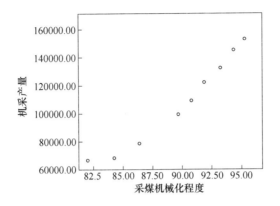

图 4-30　采煤机械化程度与机采产量的关系

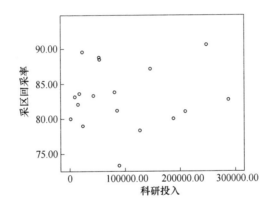

图 4-31　采区回采率与科研投入的关系

图 4-27 ~ 图 4-31 显示的是采煤机械化程度与原煤产量、回采产量、工效和机采产量的关系，可以从图中判断出，均呈线性正相关；图 4-31 显示的是采区回采率与科研投入的关系，图中显示这两个指标间不存在线性关系。因此，需要进一步证明这些指标之间的关系。

在利用 SPSS 软件对几个指标进行分析和计算后，计算结果如表 4-15 所示。

分析及计算结果显示，采煤机械化程度与原煤产量、回采产量、原煤人员生产效率和机采产量均呈现线性高度正相关，相关系数分别为：0.979、0.974、0.959 和 0.978；在表 4-15 中，采区回采率与科研投入没有相关关系，或者说从计算结果表明，这两个指标间不存在线性相关关系，科研投入在一定程度上会影响采区回采率，但并非直接影响，或者由于科研投入前期工作需要较长时间，很难在短期内见到成效，因此判断其短期内没有相关关系。

表 4-15   技术系统相关性系数

项　目		原煤产量	原煤生产人员效率	回采产量	采煤机械化程度	从业人员人数	机采产量	科研投入	采区回采率
原煤产量	Pearson 相关性	1	0.959	0.974	0.979	0.972	0.978[①]	−0.746[②]	−0.423
	显著性（双侧）		0.000	0.000	0.000	0.000	0.000	0.034	0.297
	N	14	14	14	14	14	14	14	14
原煤生产人员效率	Pearson 相关性	0.959[①]	1	0.994[①]	0.959[①]	−0.871[②]	0.994[①]	−0.783[②]	−0.460
	显著性（双侧）	0.000		0.000	0.000	0.000	0.000	0.022	0.252
	N	14	14	14	14	14	14	14	14
回采产量	Pearson 相关性	0.974[①]	0.994[①]	1	0.974[①]	0.970[①]	0.999[①]	−0.774[②]	−0.418
	显著性（双侧）	0.000	0.000		0.000	0.000	0.000	0.024	0.303
	N	14	14	14	14	14	14	14	14
采煤机械化程度	Pearson 相关性	0.979[①]	0.959[①]	0.974[①]	1	0.970[①]	0.978[①]	−0.640	−0.291
	显著性（双侧）	0.000	0.000	0.000		0.000	0.000	0.088	0.484
	N	14	14	14	14	14	14	14	14
从业人员人数	Pearson 相关性	0.972[①]	−0.871[②]	0.970[①]	0.970[①]	1	0.976[①]	−0.770[②]	−0.339
	显著性（双侧）	0.000	0.000	0.000	0.000		0.000	0.025	0.411
	N	14	14	14	14	14	14	14	14
机采产量	Pearson 相关性	0.978[①]	0.994[①]	0.999[①]	0.978[①]	0.976[①]	1	−0.766[②]	−0.398
	显著性（双侧）	0.000	0.000	0.000	0.000	0.000		0.027	0.329
	N	14	14	14	14	14	14	14	14
科研投入	Pearson 相关性	−0.746[②]	−0.783[②]	−0.774[②]	−0.640	−0.770[②]	−0.766[②]	1	0.054
	显著性（双侧）	0.034	0.022	0.024	0.088	0.025	0.027		0.832
	N	14	14	14	14	14	14	14	14
采区回采率	Pearson 相关性	−0.423	−0.460	−0.418	−0.291	−0.339	−0.398	0.054	1
	显著性（双侧）	0.297	0.252	0.303	0.484	0.411	0.329	0.832	
	N	14	14	14	14	14	14	14	14

① 在 0.01 水平（双侧）上显著相关；

② 在 0.05 水平（双侧）上显著相关。

4.5.3 经济系统下各指标相关性分析

提到煤炭经济，首先要提的是煤炭企业的利润指标，企业利润与许多指标相关，如原煤产量、精煤量、固定资产、流动资产等财务指标，但是由于本书研究的是与开采相关的直接费用，所以仅对吨煤成本做出分析，寻求与吨煤成本相关的指标，包括生产安全费用、设备投入费用、人员工资、环境补偿费用等。初步判断五个指标间相互关系如图 4-32 ~ 图 4-35 所示。

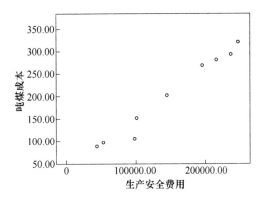

图 4-32 吨煤成本与生产安全费用的关系

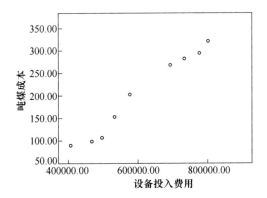

图 4-33 吨煤成本与设备投入费用的关系

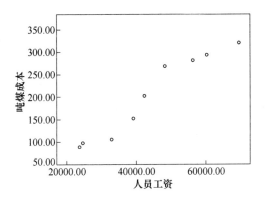

图 4-34 吨煤成本与人员工资的关系

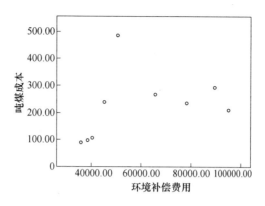

图 4-35   吨煤成本与环境补偿费用的关系

从散点图中可以看出，吨煤成本和生产安全费用、设备投入费用及生产人员工资有线性关系，与环境补偿费用无关。

利用 SPSS 具体分析经济系统内各子系统的指标间关系，结果如表 4-16 所示。

表 4-16   经济系统相关性系数

项　　目		吨煤成本	生产安全费用	设备投入费用	人员工资	环境补偿费用
吨煤成本	Pearson 相关性	1	0.681②	0.753①	0.755②	0.643
	显著性（双侧）		0.043	0.000	0.019	0.062
	N	14	14	14	14	14
生产安全费用	Pearson 相关性	0.681②	1	0.992①	0.978①	0.964①
	显著性（双侧）	0.043		0.000	0.000	0.000
	N	14	14	14	14	14
设备投入费用	Pearson 相关性	0.753①	0.992①	1	0.979①	0.978①
	显著性（双侧）	0.000	0.000		0.000	0.000
	N	14	14	14	14	14
人员工资	Pearson 相关性	0.755②	0.978①	0.979①	1	0.972①
	显著性（双侧）	0.019	0.000	0.000		0.000
	N	14	14	14	14	14
环境补偿费用	Pearson 相关性	0.643	0.964①	0.978①	0.972①	1
	显著性（双侧）	0.062	0.000	0.000	0.000	
	N	14	14	14	14	14

① 在 0.01 水平（双侧）上显著相关；

② 在 0.05 水平（双侧）上显著相关。

　　结果表明，当提高生产安全费用时，吨煤成本也随之提高，但由于其显著检验结果在 0.05 区间内，所以两者之间的相关性属于低度相关，相关系数为 0.681；设备投入费用是直接关系到生产成本的，设备投入费用提高时，采煤机械化程度也会提升，随之会提升原煤产量、工效等，但吨煤成本也会随之提升，会呈现正态分布情况，存在规模经济效益，从计算结果看出，吨煤成本与设备投入相关系数为 0.753，属于显著相关；人员工资的高低直接影响到吨煤成本，如果机械化、自动化水平高，生产人员人数会减少，产量提升，工效提升，因此人员工资也会随之提升，并计入吨煤成本，所以两者呈现线性正相关，相关系数为 0.755；吨煤成本和环境补偿费用在计算结果中显示为不相关，因为其随机性较大，如采空区搬迁等费用随机性大，因此两者之间不构成线性相关关系。

4.5.4　环境系统下各指标相关性分析

　　与开采相关的环境指标包括地表沉陷面积、矸石排放量和废水排放量，以及采空区复垦率等。对于煤炭开采带来的环境损害到目前为止并没有统一的评判标准，是各个指标集合在一起进行评价，但也可以用环境补偿费用来进行评价，如图 4-36 ~ 图 4-39 所示。

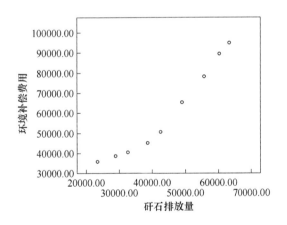

图 4-36　环境补偿费用与矸石排放量的关系

　　图 4-36 ~ 图 4-39 反映了环境补偿费用与矸石排放量、地表沉陷面积、废水排放量、采区复垦率四个指标之间的两两关系，结果表明，环境补偿费用与前三个指标间存在线性关系，而与采空区复垦率无线性相关关系，这也符合对环境系统各个指标的初步判断。图 4-40 ~ 图 4-45 散点图说明，矸石排放量、地表沉陷面积、废水排放量和采区复垦率之间的相关关系，可以看出，其两两指标之间均不存在线性相关关系，说明每个指标之间没有相互影响的关系。

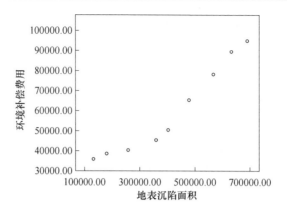

图 4-37　环境补偿费用与地表沉陷面积的关系

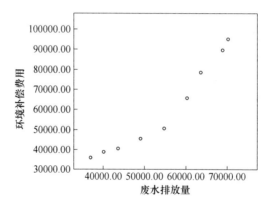

图 4-38　环境补偿费用与废水排放量的关系

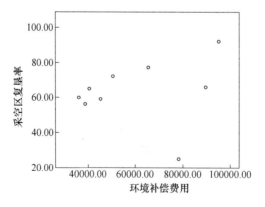

图 4-39　环境补偿费用与采空区复垦率的关系

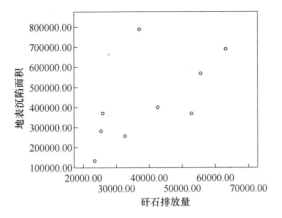

图 4-40 矸石排放量与地表沉陷面积的关系

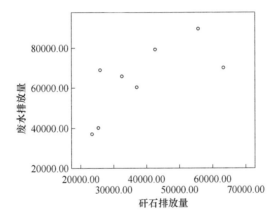

图 4-41 矸石排放量与废水排放量的关系

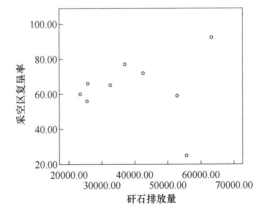

图 4-42 矸石排放量与采空区复垦率的关系

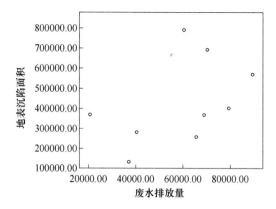

图 4-43　废水排放量与地表沉陷面积的关系

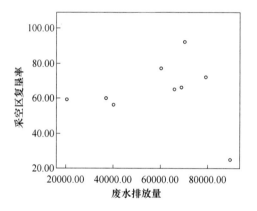

图 4-44　废水排放量与采空区复垦率的关系

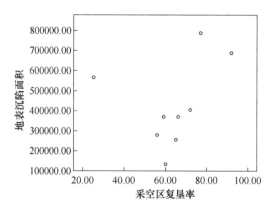

图 4-45　采空区复垦率与地表沉陷面积的关系

为了进一步证明，利用 SPSS 软件进行数据处理，得到结果如表 4-17 所示。

表 4-17 环境系统相关性系数

项 目		环境补偿费用	废水排放量	采空区复垦率	矸石排放量	地表沉陷面积
环境补偿费用	Pearson 相关性	1	0.975①	0.968①	0.966①	0.193
	显著性（双侧）		0.000	0.000	0.000	0.619
	N	14	14	14	14	14
废水排放量	Pearson 相关性	0.968①	1	-0.075	0.284	0.446
	显著性（双侧）	0.000		0.848	0.458	0.229
	N	14	14	14	14	14
采空区复垦率	Pearson 相关性	0.193	-0.075	1	0.048	0.283
	显著性（双侧）	0.619	0.848		0.901	0.460
	N	14	14	14	14	14
矸石排放量	Pearson 相关性	0.975①	0.284	0.048	1	0.621
	显著性（双侧）	0.000	0.458	0.901		0.074
	N	14	14	14	14	14
地表沉陷面积	Pearson 相关性	0.966①	0.446	0.283	0.621	1
	显著性（双侧）	0.000	0.586	0.572	0.629	
	N	14	14	14	14	14

① 在 0.01 水平（双侧）上显著相关。

从表 4-17 中可以看出，除环境补偿费用外的两两指标间的显著性高，说明接受假设检验，即接受变量间相关性为 0，两两指标间不存在相关关系。但与环境补偿费用有着线性相关关系的指标是地表沉陷面积、矸石排放量和废水排放量，相关系数分别为：0.975、0.966、0.968。而环境补偿费用与采区复垦率的检验结果表明，两指标间显著性高，不存在线性相关关系。

4.5.5 管理系统下各指标相关性分析

煤炭科学开采的管理系统是首次被提出的，在此之前所研究的都是将管理系统作为辅助系统，但管理是对人机的协调，由于涉及人员，使得系统更加复杂和主观。与开采相关的管理指标涉及设备管理、人员管理费用、安全培训人数、全员的劳动效率等。对各个指标的初步判断如图 4-46 ~ 图 4-51 所示。

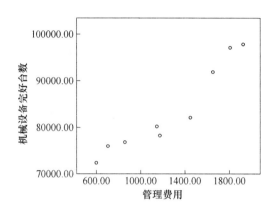

图 4-46　管理费用与机械设备完好台数的关系

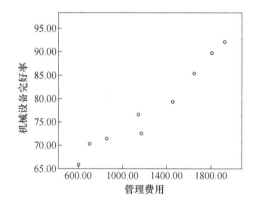

图 4-47　管理费用与机械设备完好率的关系

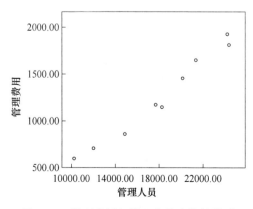

图 4-48　管理费用与管理人员人数的关系

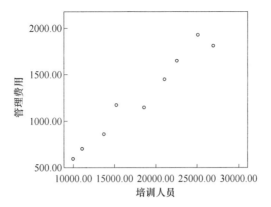

图 4-49   管理费用与培训人员人数的关系

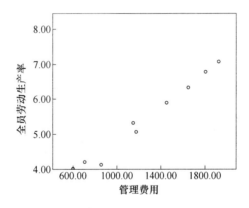

图 4-50   管理费用与全员劳动生产率的关系

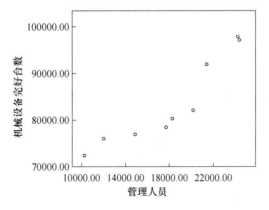

图 4-51   管理人员与机械设备完好台数的关系

图 4-46 和图 4-47 中显示，管理费用的增加，会使机械设备完好台数和完好率提高，这表明，一方面管理水平提升的同时，管理费用会增加，但另一方面对机械设备的管理会更加严格和规范，从而增加设备的完好台数和完好率；生产过程中不仅仅有生产人员，还涉及管理人员，如果管理人员人数多，那么管理费用也会相应提升，如图 4-48 所示；为了增加生产的安全性，企业要不断对人员进行安全培训，因此参加安全培训的人数也被考虑在管理系统中，当参加安全培训人数多时，企业需要支付一定的安全培训费用，因此企业的管理费用也会提升，如图 4-49 所示，管理费用与安全培训人员人数呈线性正相关；图 4-50 表明，在煤炭开采过程中，严格、规范、标准化的管理会提高生产效率，但相对管理成本也会提成，因此管理费用与全员劳动生产效率呈线性相关；图 4-51 表明，管理人员的多少，也会影响到机械设备的完好情况，但可以看出，其中几个点落在非正常区域，因此可初步判断相关性属于低度相关。具体相关关系见表 4-18。

表 4-18　管理系统相关性系数

项　　目		管理费用	管理人员	培训人员	机械设备完好台数	机械设备完好率	全员劳动生产率
管理费用	Pearson 相关性	1	0.986[1]	0.979[1]	0.654[2]	0.701[2]	0.990[1]
	显著性（双侧）		0.000	0.000	0.000	0.000	0.000
	N	14	14	14	14	14	14
管理人员	Pearson 相关性	0.986[1]	1	0.983[1]	0.927[1]	0.956[1]	0.968[1]
	显著性（双侧）	0.000		0.000	0.000	0.000	0.000
	N	14	14	14	14	14	14
培训人员	Pearson 相关性	0.979[1]	0.983[1]	1	0.945[1]	0.971[1]	0.976[1]
	显著性（双侧）	0.000	0.000		0.000	0.000	0.000
	N	14	14	14	14	14	14
机械设备完好台数	Pearson 相关性	0.954[1]	0.654[2]	0.945[1]	1	0.989[1]	0.953[1]
	显著性（双侧）	0.000	0.000	0.000		0.000	0.000
	N	14	14	14	14	14	14
机械设备完好率	Pearson 相关性	0.975[1]	0.701[2]	0.971[1]	0.989[1]	1	0.975[1]
	显著性（双侧）	0.000	0.000	0.000	0.000		0.000
	N	14	14	14	14	14	14
全员劳动生产率	Pearson 相关性	0.990[1]	0.968[1]	0.976[1]	0.953[1]	0.975[1]	1
	显著性（双侧）	0.000	0.000	0.000	0.000	0.000	
	N	14	14	14	14	14	14

[1] 在 0.01 水平（双侧）上显著相关；

[2] 在 0.05 水平（双侧）上显著相关。

4.6 STEEM 系统指标体系

根据指标构建的原则、方法和指标筛选的方法，以及对各系统内指标进行的相关分析，可以构建煤炭科学开采 STEEM 系统。STEEM 系统的构建，主要以简单实用为原则，因此剔除掉指标分析中相关性很大的指标，只保留其中一部分，用以代替其他，这在相关性理论中也是可行的。

具体来说，在安全系统中，事故起数包括顶板、瓦斯、机电、水灾、火灾和运输事故，这六个事故起数构成了总体事故起数，因此以总体事故起数代替即可，不需要重复构建指标，而事故起数的多少，直接影响百万吨死亡率，且相关系数高，呈高度相关，因此百万吨死亡率可以代替事故起数。此外，百万吨死亡率统计是以死亡人数作为统计对象，因此两者之间的关系非常紧密，百万吨死亡率也可以代替死亡人数指标。在安全系统中，安全投入与百万吨死亡率呈现负线性关系，且属于低度相关，因此两者之间不能相互替代，必须同时保留。同时，职业病患病人数与百万吨死亡率分析结果显示为无关，所以两指标不可替代。安全系统指标构成如图 4-52 所示。

图 4-52　安全系统指标构成

在技术系统中，其根本目的在于利用技术水平的提升和机械化、自动化水平的提升来提高回采率，因此回采率和机械化水平指标将作为技术系统的主要指标进行衡量。采煤机械化程度的高低，从产量上可以看出，它影响原煤产量、回采产量和机采产量，从数据分析看，它与三者呈线性相关，因此可以用采煤机械化程度代替原煤产量、回采产量和机采产量三个指标。采煤机械化程度的高低还直接影响人员工作效率的高低，从数据分析其相关系数高，因此可提出员工工作效率这一指标，以采煤机械化程度代替，同时由于原煤人员生产效率与从业人员人数呈负线性相关，因此可剔除从业人员人数。采区回采率与科研投入水平的关系在图 4-31 和表 4-15 中显示为无关，这是由于科研投入有一定的滞后性，因此同时保留这两个指标。筛选后的技术系统指标如图 4-53 所示。

图 4-53　技术系统指标构成

通过判断和分析可以看出，经济系统中与开采直接相关的经济指标是吨煤成本、设备投入费用、生产安全费用、人员工资和环境补偿费用。其中吨煤成本的组成是由其他四个指标构建的，所以考虑吨煤成本和其他四个指标的相关关系。计算结果表明，吨煤成本与设备投入费用、生产安全费用呈线性高度相关，因此可以由吨煤成本代替其他三个指标，和人员工资呈弱相关，这是由于吨煤成本主要考察的是和生产相关的生产材料费用，而人员工资考察的是人员问题，所以两者不能相互代替。在验证环境补偿费用与其他四个指标的相关关系时不难发现，与其他四个指标无相关关系，但环境补偿费用作为环境系统指标继续进行判断和分析，此处不做考虑。经计算，经济系统指标构成如图 4-54 所示。

图 4-54　经济系统指标构成

在环境系统中，由开采带来的环境扰动主要可以研究以下四个指标：地表沉陷面积、矸石排放量、废水排放量和采空区复垦率。但到目前为止，由于衡量对象的特性不同，所以没有统一的指标对环境的破坏进行衡量。根据计算可知，环境补偿费用与地表沉陷面积、矸石排放量和废水排放量有着线性正相关，因此可以代替其三个指标，作为衡量依据。虽然环境补偿费用也和采空区复垦率存在线性关系，但是采空区复垦是对环境的支持力，而地表沉陷、矸石排放和废水排放是对环境的压力，所研究的指标特征不同，因此不能被环境补偿费用代替，应单独研究。环境系统指标构成如图 4-55 所示。

图 4-55　环境系统指标构成

管理系统由于人的参与，使得系统的主观性较强，指标的选取更为复杂，指标量化难度大，因此在指标选取的过程中，主要考察能够量化的指标。科学的管理是为了最大限度地保障人机的安全和企业的平稳发展，因此人员安全培训和机械设备的完好程度是两个重要的衡量指标，指标构成如图 4-56 所示。

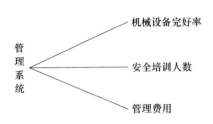

图 4-56　管理系统指标构成

对各个子系统的指标筛选后，可以构建煤炭科学开采 STEEM 系统的整体指标体系，如表 4-19 所示。

表 4-19　煤炭科学开采 STEEM 系统结构

STEEM 系统	子系统	评价指标
煤炭科学开采 STEEM	安全体统（S）	百万吨死亡率
		安全投入费用
		职业病患病人数
	技术系统（T）	采区回采率
		采煤机械化程度
		科研投入
	经济系统（E）	吨煤成本
		人员工资
	环境系统（E）	环境补偿费用
		采空区复垦率
	管理系统（M）	机械设备完好率
		安全培训人数
		管理费用

5 煤炭科学开采 STEEM 系统协调度分析及实例

我国煤炭行业存在"3个1/3"的概念，这一概念最早由中国工程院院士钱鸣高提出，即：我们国家煤炭总产量里面有1/3产量是可以保证安全生产的，1/3产量可以通过技术进步和加大投入保证安全生产，1/3产量由于目前技术水平限制是不能保证安全生产的。随着煤炭开采技术的进步以及煤炭企业管理水平的提升，根据中国工程院《煤炭安全、高效、绿色开采技术与战略课题研究》显示，我国目前科学产能仅达到全部产能的近40%。根据我国目前煤炭科学产能，本章节以我国煤炭企业煤炭产量前十强作为研究对象，通过计算给定了煤炭科学开采的标准。

5.1 煤炭企业产量前十强数据分析

经查阅2006~2013年《煤炭工业统计年报》[93~99]相关数据，并进行数据的整理分析，得到表5-1和表5-2。

表5-1　2006~2009年前十家煤炭企业产量

序号	2006年产量/亿吨	企业名称	2007年产量/亿吨	企业名称	2008年产量/亿吨	企业名称	2009年产量/亿吨	企业名称
1	2.0229	神华集团有限责任公司	2.3557	神华集团有限责任公司	2.8125	神华集团有限责任公司	3.278	神华集团有限责任公司
2	0.9062	中国中煤能源集团有限公司	1.0502	中国中煤能源集团有限公司	1.1411	中国中煤能源集团有限公司	1.2505	中国中煤能源集团有限公司
3	0.6996	山西焦煤集团有限责任公司	0.7237	山西焦煤集团有限责任公司	0.8029	山西焦煤集团有限责任公司	0.879	山西焦煤集团有限责任公司

序号	2006 年产量/亿吨	企业名称	2007 年产量/亿吨	企业名称	2008 年产量/亿吨	企业名称	2009 年产量/亿吨	企业名称
4	0.6175	山西大同煤矿集团有限责任公司	0.6549	山西大同煤矿集团有限责任公司	0.6891	山西大同煤矿集团有限责任公司	0.745	山西大同煤矿集团有限责任公司
5	0.5374	黑龙江龙煤矿业控股集团有限责任公司	0.5404	黑龙江龙煤矿业控股集团有限责任公司	0.604	陕西煤业化工集团有限责任公司	0.71	陕西煤业化工集团有限责任公司
6	0.3865	陕西煤业化工集团有限责任公司	0.5026	陕西煤业化工集团有限责任公司	0.5666	安徽淮南矿业（集团）有限责任公司	0.6715	安徽淮南矿业（集团）有限责任公司
7	0.3775	山东兖矿集团有限公司	0.3886	山东兖矿集团有限公司	0.5495	黑龙江龙煤矿业控股有限责任公司	0.5698	河南煤业化工集团有限责任公司
8	0.3541	阳泉煤业集团公司	0.3743	平顶山煤业集团公司	0.4465	河南煤业化工集团有限责任公司	0.5509	山西潞安矿业（集团）有限责任公司
9	0.3353	安徽淮南矿业（集团）有限责任公司	0.3718	山西潞安矿业（集团）有限责任公司	0.4209	山西潞安矿业（集团）有限责任公司	0.5494	黑龙江龙煤矿业控股集团有限责任公司
10	0.316	山西潞安矿业（集团）有限责任公司	0.3632	安徽淮南矿业（集团）有限责任公司	0.412	中国平煤神马能源化工有限责任公司	0.497	山东兖矿集团有限公司
合计	6.553		7.3254		7.8956		9.7011	
总量	23.37		25.26		28.02		29.73	

表5-2　2010～2013 年前十家煤炭企业产量

序号	2010 年产量/亿吨	企业名称	2011 年产量/亿吨	企业名称	2012 年产量/亿吨	企业名称	2013 年产量/亿吨	企业名称
1	3.5696	神华集团有限责任公司	4.0708	神华集团有限责任公司	4.5665	神华集团有限责任公司	4.955	神华集团有限责任公司
2	1.5370	中国中煤能源集团有限公司	1.6357	中国中煤能源集团有限公司	1.7552	中国中煤能源集团有限公司	1.9083	中国中煤能源集团有限公司
3	1.0214	山西焦煤集团有限责任公司	1.1537	山西大同煤矿集团有限责任公司	1.3267	山西大同煤矿集团有限责任公司	1.4645	山西大同煤矿集团有限责任公司
4	1.0118	山西大同煤矿集团有限责任公司	1.1006	山西焦煤集团有限责任公司	1.2292	山东能源集团有限公司	1.3166	山东能源集团有限公司
5	1.0039	陕西煤业化工集团有限责任公司	1.0821	山东能源集团有限责任公司	1.1564	冀中能源集团有限公司	1.2761	陕西煤业化工集团有限责任公司
6	0.7401	河南煤业化工集团有限责任公司	1.0215	冀中能源集团有限公司	1.1368	陕西煤业化工集团有限责任公司	1.2351	冀中能源集团有限公司
7	0.7332	冀中能源集团有限责任公司	1.0186	陕西煤业化工集团有限责任公司	1.054	山西焦煤集团有限责任公司	1.0626	河南能源化工集团有限责任公司
8	0.7098	山西潞安矿业(集团)有限责任公司	0.8483	河南煤业化工集团有限责任公司	0.8354	开滦(集团)有限责任公司	1.0316	山西焦煤集团有限责任公司
9	0.6619	淮南矿业(集团)有限责任公司	0.7718	山西潞安矿业(集团)有限责任公司	0.8008	山西潞安矿业(集团)有限责任公司	0.9299	开滦(集团)有限责任公司
10	0.6087	开滦(集团)有限责任公司	0.7078	山东兖矿集团有限公司	0.7616	山东兖矿集团有限公司	0.8878	山西潞安矿业(集团)有限责任公司
合计	11.5974		13.411		14.6227		16.0675	
总量	32.35		35.20		36.60		36.68	

从表中可以看出，2006~2013年间，我国煤炭产量前十强企业变化不大，且原煤产量占全国原煤总产量比例接近或略微超出30%，因此可以将此数据作为平稳数据，进行计算。

根据表5-1、表5-2，可以得到图5-1。

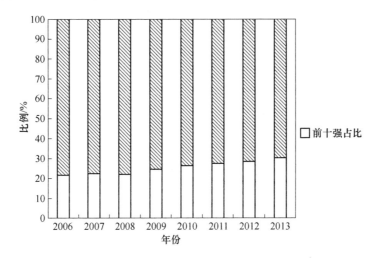

图 5-1　2006~2013 年我国煤炭产量前十强企业所占总产量比例

从图5-1中可以得出，自2006~2013年，我国煤炭企业产量前十强的累加产量占据了当年煤炭总产量的30%左右，也就是说，我国产量前十强的煤炭企业达到了科学产能水平，因此对其研究并给出我国煤炭科学开采量化标准是可行的。各煤炭企业具体产量见表5-1、表5-2。

5.2　煤炭科学开采 STEEM 系统各指标权重

根据公式（4-11），可以计算出各系统以及各系统下指标权重，如表5-3所示。显然，在子系统中，安全系统和技术系统所占权重系数较大，说明这两个系统相对其他三个子系统对煤炭科学开采更为重要。

表 5-3　STEEM 系统各指标权重

STEEM 系统	子系统	指标权重
煤炭科学开采 STEEM	安全系统 （S） 0.256	百万吨死亡率 0.685
		安全投入费用 0.212
		职业病患病人数 0.103

STEEM 系统	子系统	指标权重
煤炭科学开采 STEEM	技术系统（T）0.293	采区回采率 0.468
		采煤机械化程度 0.375
		科研投入 0.157
	经济系统（E）0.198	吨煤成本 0.692
		人员工资 0.308
	环境系统（E）0.134	环境补偿费用 0.601
		采空区复垦率 0.399
	管理系统（M）0.119	机械设备完好率 0.392
		安全培训人数 0.417
		管理费用 0.191

5.3   STEEM 系统发展水平

在发展水平中，可以分为子系统发展水平和整体综合发展水平两种。其中子系统的发展水平是通过计算各子系统内的指标发展系数，从而得到子系统的发展水平曲线。而综合发展水平是以各子系统间的关系为基础，计算子系统对整体系统的影响程度，并最终给定整体系统的发展水平。

5.3.1   STEEM 系统各子系统发展水平

由于已对各子系统内指标进行了相关分析，排除高度相关性指标，使得每个系统内指标显示了独立的特征，因此不再对指标进行主成分分析，仅需将各指标进行无量纲化处理，综合利用 2006～2013 年前十强企业数据，并利用公式（4-10）对原始数据进行标准化。得到各个子系统发展水平如表 5-4、图 5-2 所示。

表5-4 不同年份子系统发展水平指数

年份	安全系统	技术系统	经济系统	环境系统	管理系统
2006	-0.592	-0.862	-1.012	-1.310	-0.952
2007	-0.252	-0.401	-0.213	-1.071	-0.623
2008	0.496	0.128	0.227	-0.320	-0.102
2009	0.952	0.896	0.899	-0.523	0.356
2010	1.215	1.457	1.654	0.564	0.681
2011	1.568	1.901	1.681	0.984	1.321
2012	1.985	2.162	1.913	1.471	1.459
2013	2.169	2.369	1.785	1.763	1.691

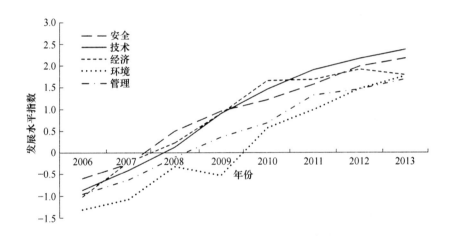

图5-2 技术—安全—经济—环境—管理发展水平指数

由表5-4和图5-2可见，环境系统的发展水平是在五个子系统中相对最低的一个系统，且在2009年出现下降趋势，这说明，我国对煤炭开采造成的环境破坏重视度不够，以牺牲环境为代价换取煤炭产量；经济系统在2012~2013年有所滑落，这主要是由煤炭行业行情决定的。我国逐步认识到煤炭科学开采的重要性，因此整体指标指数呈逐年增长，总体趋势发展较好。

5.3.2 STEEM系统综合发展水平

在确定各个子系统的发展水平值后，同时根据系统所得权重，利用公式（5-1）计算综合发展水平指数：

$$F_i = 0.256S + 0.293T + 0.198E_c + 0.134E_v + 0.119M \qquad (5-1)$$

式中 F_i——第 i 年的 STEEM 系统综合发展水平值。

将表 5-4 所得指数代入公式（5-1），可得到各年 STEEM 系统综合发展水平值，如表 5-5、图 5-3 所示。

表 5-5   2006～2013 年 STEEM 系统综合发展水平值

年份	2006	2007	2008	2009	2010	2011	2012	2013
F 值	-0.894	-0.442	0.154	0.656	1.222	1.58	1.891	2.039

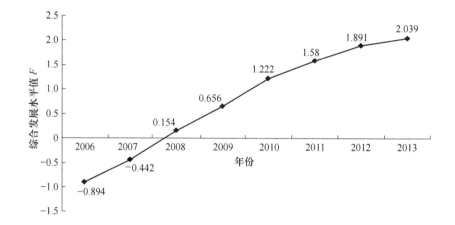

图 5-3   煤炭开采综合发展水平值

从图 5-3、表 5-5 中可以看出，我国煤炭开采综合发展水平值不断提升，2006～2009 年期间，综合发展水平提升速度较快，自 2010 年后平稳增长。

5.4   STEEM 系统协调度测度

根据表 5-4 数据进行回归拟合分析，利用线性分析和二次回归分析[100~102]，结合图形输出和计算结果输出，可选择最佳拟合曲线和方程，图形输出见图 5-4～图 5-13。煤炭科学开采 STEEM 系统各系统间回归方程见表 5-6。

图 5-4 中显示，安全系统和技术系统的回归拟合效果较好的为线性回归拟合，因此其拟合方程选用线性回归方程。图 5-5 为安全系统和经济系统回归拟合，二次回归拟合效果好于线性回归拟合，因此选用二次回归方程。

图 5-6 中显示，安全系统和环境系统回归拟合效果较好的为线性拟合，因此选用线性回归方程。图 5-7 是安全系统和管理系统回归拟合，二次拟合效果好于线性拟合效果，因此选取二次回归方程。

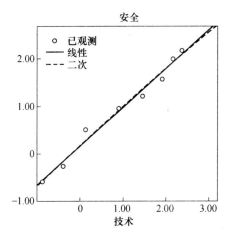

图 5-4　安全系统和技术系统回归拟合

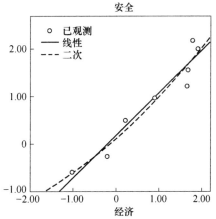

图 5-5　安全系统和经济系统回归拟合

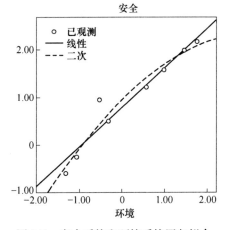

图 5-6　安全系统和环境系统回归拟合

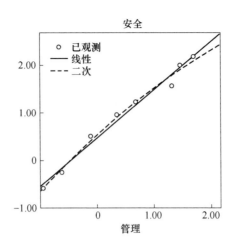

图 5-7　安全系统和管理系统回归拟合

　　图 5-8 为技术系统和经济系统的回归拟合曲线，曲线显示二次拟合优于线性拟合，所以选用二次回归方程。图 5-9 为技术系统和环境系统拟合曲线，两个系统的二次回归拟合曲线效果较好，因此选用二次回归方程。

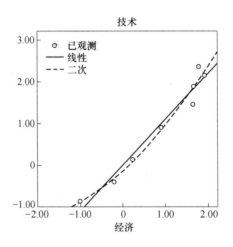

图 5-8　技术系统和经济系统回归拟合

　　图 5-10 为技术系统和管理系统回归拟合曲线，显然二次拟合曲线效果好于线性拟合曲线，因此选用二次回归方程。图 5-11 为经济系统和环境系统回归拟合曲线，线性拟合效果明显好于二次拟合效果，所以选用线性回归方程。

　　图 5-12 为经济系统和管理系统回归拟合曲线，线性拟合曲线效果好于二次

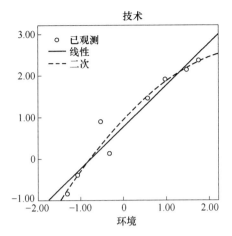

图 5-9　技术系统和环境系统回归拟合

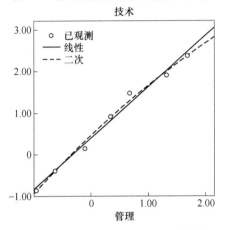

图 5-10　技术系统和管理系统回归拟合

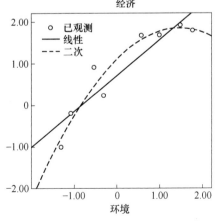

图 5-11　经济系统和环境系统回归拟合

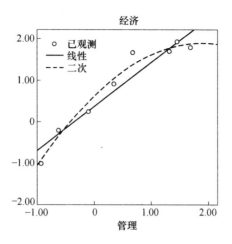

图 5-12　经济系统和管理系统回归拟合

拟合曲线效果，因此选择线性回归方程。图 5-13 为环境系统和管理系统回归拟合曲线，选用线性回归方程。

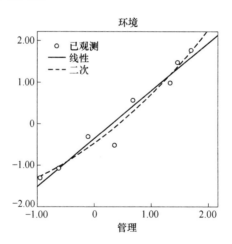

图 5-13　环境系统和管理系统回归拟合

表 5-6　煤炭科学开采 STEEM 系统各系统回归分析

回 归 方 程	F	Sig	R^2
$S = 0.164 + 0.815T$	362.102	0.000	0.981
$S = 0.105 + 0.798E_c + 0.082E_c^2$	38.415	0.001	0.914
$S = 0.781 + 0.831E_v$	82.546	0.000	0.921

回 归 方 程	F	Sig	R^2
$S = 0.528 + 1.088M - 0.099M^2$	226.186	0.000	0.985
$T = -0.136 + 0.908E_c + 0.17E_c^2$	91.644	0.001	0.963
$T = 0.952 + 1.088E_v - 0.169E_v^2$	45.902	0.001	0.928
$T = 0.432 + 1.308M - 0.095M^2$	361.436	0.000	0.990
$E_c = 0.698 + 0.865E_v$	34.640	0.001	0.828
$E_c = 0.357 + 1.064M$	72.720	0.000	0.911
$E_v = -0.357 + 1.152M$	112.921	0.001	0.941

表 5-6 显示，回归方程对原始数据的拟合效果较好，代表性也较强，因此，根据公式（4-10），将各子系统的实际值代入方程，得到协调值，再根据公式（5-1）得到煤炭科学开采 STEEM 系统各子系统的协调系数，如图 5-14 所示。结论如下：

根据表 5-6 得到图 5-14，即 2006～2013 年我国煤炭开采的协调发展是增长趋势，也就是说，随着时间的推移，我国煤炭开采过程中更加注重各系统的协调发展，而不是只看重一个方面牺牲其他利益，这显然符合了科学开采的概念。

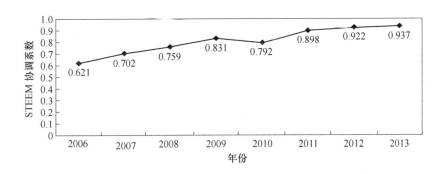

图 5-14　煤炭科学开采 STEEM 系统协调系数

根据协调系数分级判定，2006 年各子系统间属于初等协调，这表明当时我国煤炭行业对整体规划力度不够，也由于我国正处于经济迅猛发展时期，因此忽略了环境和管理方面的工作，开采系统仅仅处于协调范畴之内；2007～2008 年，相对 2006 年系统协调系数有所上升，处于中等协调阶段，其中安全与经济系统之间处于相对较不协调状态；2010 年，相对 2009 年的系统协调发展有所降低，这主要是由于安全与管理系统的协调性差，和环境与管理系统协调性降低有关，因而造成了 2010 年整体系统的协调度下降；2010 年后，在我国经济逐步转型和经济形势放缓的背景下，我国煤炭行业更加注重全面的可持续的发展，因此各系统间的协调发展逐步上升，这符合了煤炭科学开采的理念。

由于数据是根据我国煤炭企业前十强得出的，其计算结果能够代表我国科学开采水平，并给定我国煤炭科学开采的量化标准。

表 5-7 给出了各子系统回归数据。

表 5-7 各子系统回归数据

年份	$U(S,T)$	$U(S,E)$	$U(S,E)$	$U(S,M)$	$U(T,E)$	$U(T,E)$	$U(T,M)$	$U(E,E)$	$U(E,M)$	$U(E,M)$	$U(S,T,E,E,M)$
2006	0.532	0.642	0.639	0.563	0.632	0.521	0.543	0.432	0.597	0.662	0.621
2007	0.671	0.653	0.585	0.632	0.653	0.642	0.641	0.589	0.607	0.692	0.702
2008	0.683	0.794	0.783	0.659	0.673	0.753	0.670	0.753	0.671	0.723	0.759
2009	0.734	0.641	0.763	0.753	0.786	0.765	0.781	0.632	0.726	0.729	0.831
2010	0.788	0.783	0.832	0.653	0.823	0.869	0.790	0.769	0.685	0.775	0.792
2011	0.814	0.832	0.865	0.796	0.893	0.821	0.837	0.834	0.809	0.801	0.898
2012	0.821	0.843	0.876	0.832	0.912	0.956	0.879	0.861	0.863	0.828	0.922
2013	0.962	0.963	0.923	0.951	0.942	0.921	0.939	0.892	0.929	0.901	0.937

5.5 煤炭科学开采 STEEM 系统模型的应用

5.5.1 某集团基本情况

20 世纪 80 年代，以某地区拥有丰富的煤炭资源为前提，国家指导成立了某煤炭工业公司，之后于 20 世纪末并购纳入某集团旗下，并于 2012 年正式更名为现在的集团名称，成为集团的核心主力子公司。某集团是我国的特大型煤炭生产企业，其煤炭开采方式为露天开采和井工开采相结合的开采方式，并且经过近 30 多年的发展，已经成为国内煤炭企业开采规模大、资源回收率高、安全生产指标优异和现代化程度高的经营生产标杆和典范。

某集团主要开发的某矿区属于宁武煤田，并且位于宁武煤田的北部，井田走向长 23km，倾向长度 22km，勘探面积 380km²，井田面积 176.3km²，地质储量 50 亿吨。此外，作为某矿区资源枯竭接续矿井的 1 号矿、2 号矿还拥有 40 亿吨的煤炭储量。因此，某矿区总的煤炭资源储量达到了 90.86 亿吨。某矿区内的主要可采煤层分别为 4 号中灰低硫煤、9 号低灰中硫煤和 11 号高灰高硫煤，煤种为气煤，可采煤层平均厚度 26m。丰富的煤炭储量及产量使得该矿区成为我国重要的出口动力煤生产基地，也是我国规划发展的 14 个煤炭大基地之一。

自 1987 年建成投产，到 2006 年某矿首创露天井工联合开采的模式建成运行，再到 2010 年某集团公司原煤产量突破 1 亿吨，实现跨越式发展。到目前为止，某集团公司已经拥有三座特大型露天矿以及井工一、二、三矿三座现代化井工矿井，每座露天矿的平均生产能力在 2000 万吨/年左右，井工矿的产能也在千万吨级，此外与矿山生产配套的还有六座洗煤厂，入洗能力达到 1 亿吨/年，以及年总运输能力达到 1 亿吨要求的四条铁路专用线。

为了最大限度地提高煤炭资源回收率，某矿区采用露天和井工联合开采方式进行原煤生产。露天生产采用单斗电铲开掘矿体，经由卡车运出生产作业空间，最后由带式输送机运出的半连续式开采工艺，100% 机械化作业，煤炭资源回收率高达 96.2%。井工矿生产采用大采高或者综采放顶煤回采工艺，工作面回收率超过 85%，原煤生产百万吨死亡率 0.035，单位产品综合能耗 39.7 吨标准煤/万吨，人工工效 135.78 吨/工。

矿井生产出的原煤全部经过洗煤厂进行洗选，洗选工艺为全重介洗选，每年洗选出约 2000 万吨煤矸石，除了大约 200 万吨矸石用于发电以外，剩余的全部运至排土场覆土造田，在良田上建立植物、药材基地，种植水果、蔬菜，养殖牛、羊等牲畜，矿区土地复垦速度为 200 公顷/年，复垦面积预计为 18000 公顷，矿区土地复垦率达到 50% 以上，通过一系列的矿井复垦规划实施，既恢复矿区生态环境，又实现了矿区可持续发展。

"十二五"期间，某集团以建设本质安全型、资源节约型、环境友好型企业为目标，坚持高起点、高目标、高质量、高效率、高效益的"五高"标准，以转型发展为崇高使命，直面挑战，沉着应对，紧扣"稳住产能，做实内涵，提高双效，抵御风险"的发展战略，围绕煤炭产业链的延伸，做稳做精煤炭产业、做大做强电力产业、做优做实化工产业、做亮做响生态产业，建设园区化承载、集群化运营的产业园区，培育产业关联度高、互补作用强，对主业具有耦合支撑作用的产业集群。截至 2013 年年底，某集团公司资产总额达到 607 亿元，累计生产原煤 10.84 亿吨，外运商品煤 8.3 亿吨，缴纳税费 515 亿元，成为当地的支柱企业及利税大户。到"十二五"末，某集团将建成国内最具影响力和示范意义的高标准循环经济工业园区，最大的露天井工联合开采的亿吨级煤炭生产基地，最大的煤矸石发电基地，以及全国矿山生态环境恢复治理最好的标杆企业。

5.5.2 某集团煤炭科学开采 STEEM 系统综合发展水平评价

根据 2006~2014 年《中国煤炭企业 100 强分析报告》[103~111]《煤炭工业统计年鉴》[79~86]《煤炭工业统计年报》[93~99] 等相关资料及文献[113~117]，得到某集团关于 STEEM 系统的指标值，并将各数据进行整理分析，可以得到某集团煤炭科学开采 STEEM 系统的综合发展水平。

5.5.2.1　某集团煤炭科学开采 STEEM 各子系统发展水平

对某集团 STEEM 系统相关数据进行整理，并将数据进行无量化处理后，可得到其各子系统发展水平指数，如表 5-8 所示。

表 5-8　某集团 STEEM 系统各子系统发展水平指数

年份	安全系统	技术系统	经济系统	环境系统	管理系统
2006	-0.381	-0.310	-0.298	-0.365	-0.505
2007	-0.034	-0.107	-0.047	-0.329	-0.228
2008	0.598	0.464	0.569	-0.079	0.285
2009	1.002	0.952	0.860	0.551	0.568
2010	1.369	1.520	1.685	0.899	1.023
2011	1.645	1.892	1.721	1.106	1.356
2012	1.992	2.207	1.896	1.681	1.698
2013	2.239	2.484	1.905	1.837	1.828

分别对比子系统与煤炭科学开采体系标准值，可得图 5-15 ~ 图 5-19。

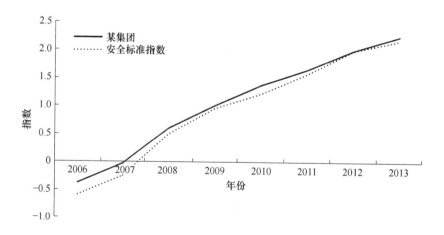

图 5-15　某集团安全系统发展水平指数与标准指数比较

从图 5-15 中可以看出，2006 ~ 2013 年期间，某集团安全系统高于给定的科学开采标准指数，仅 2012 年系统发展水平指数重合，可认定为，某集团 2006 ~ 2013 年安全系统发展指数属于煤炭科学开采指数范围内。

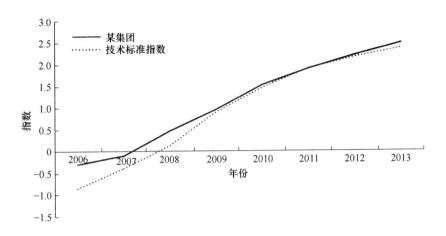

图 5-16　某集团技术系统发展水平指数与标准指数比较

从图 5-16 中可以看出，2006～2008 年期间，某集团技术系统发展水平指数明显高于给定的煤炭科学开采标准发展水平指标；2011～2012 年期间，指标指数与标准指数重合，某集团煤炭科学开采技术发展水平相比之前放缓，但总体属于上升趋势。

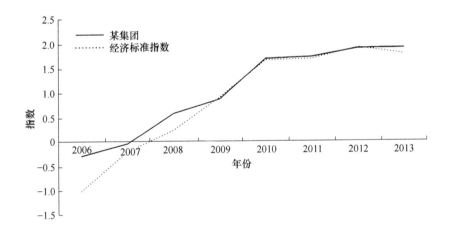

图 5-17　某集团经济系统发展水平指数与标准指数比较

从图 5-17 中可以看出，2006～2008 年期间，某集团经济系统发展水平指数明显高于给定标准值，但 2009 年略低于标准值，之后期间内基本与标准值持平。因此，某集团经济系统发展水平指数在科学开采范畴内。

从图 5-18 中可以看出，某集团环境系统发展水平指数从 2006～2013 年始终

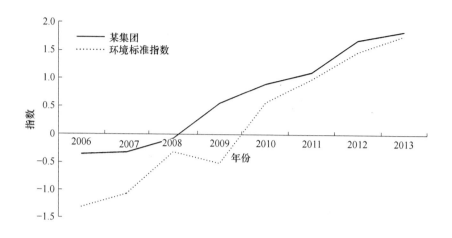

图 5-18　某集团环境系统发展水平指数与标准指数比较

高于标准指数，尤其在 2009 年，标准指标指数显著下降时，某集团环境发展指数依旧处于提升状态。

从图 5-19 中可以看出，管理系统发展水平指数是五个系统中最低的，无论是某集团还是标准值相对其他几个系统均处于较低值水平，这说明我国煤炭企业对于管理方面认识不足，管理水平不能与其他四个系统保持一致，但随着认识的不断提升，我国煤炭企业对管理工作越来越重视，管理发展水平指标值也呈上升趋势。

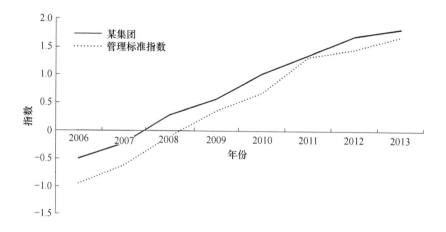

图 5-19　某集团管理系统发展水平指数与标准指数比较

5.5.2.2 某集团煤炭科学开采 STEEM 系统综合发展水平

将某集团相关数据代入公式：
$$F_i = 0.256S + 0.293T + 0.198E_c + 0.134E_v + 0.119M$$
可以得到某集团煤炭科学开采 STEEM 系统综合发展水平指数，输出结果如表 5-9 所示。

表 5-9 2006 ~ 2013 年某集团煤炭科学开采 STEEM 系统综合发展水平指数

年份	2006	2007	2008	2009	2010	2011	2012	2013
F 值	-0.897	-0.121	0.425	0.847	1.371	1.625	1.959	2.141

根据表 5-9 中结果，对某集团煤炭科学开采综合发展水平与标准发展水平进行比较，由图 5-20 可见，某集团 STEEM 系统综合发展水平始终高于给定的标准值，因此可以判断，某集团属于煤炭科学开采范畴内。

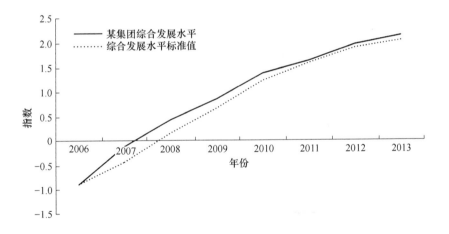

图 5-20 某集团综合发展水平与综合发展水平标准比较

5.5.2.3 某集团煤炭科学开采 STEEM 协调度测度

根据表 5-9，可得到回归拟合 S^2，将某集团数据代入公式（4-5）得到协调值，再根据公式（5-1）得到某集团煤炭科学开采 STEEM 系统各子系统的协调系数，如图 5-21 所示。

经过计算得出，某集团自 2006 ~ 2013 年煤炭科学开采的协调发展呈现上升趋势，系统间协调度逐步提升，这说明，某集团以先进的开采技术确保安全生产的同时，权衡了经济、环境和管理的关系，使各组织之间呈现良性的循环，使企

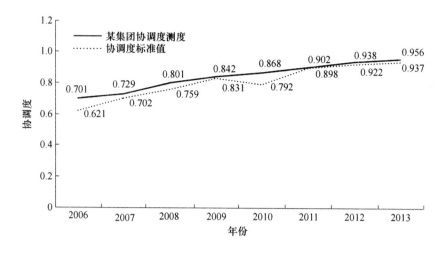

图 5-21　某集团煤炭科学开采 STEEM 系统协调度测度与标准测度值对比

业健康发展。

　　具体来说，根据表 4-1 系统协调度等级划分表，2006 年和 2007 年两年，某集团煤炭科学开采属于中等协调状态，说明系统内部存在一个或两个子系统与其他系统协调度不够，降低了整体协调度；2008～2010 年，某集团煤炭科学开采处于明显协调且平稳上升状态，这段时期内，各子系统间协调度较高，系统内部已能够做到全面发展，企业步入良性循环阶段；2011～2013 年期间，某集团的煤炭科学开采水平已经达到了高度协调状态，此时，系统内部协调度很高，各个系统均衡发展，企业已经进入全面的、可持续的、科学的发展状态，即便受偶发性因素影响，并不影响企业整体发展态势。

6 煤炭开采面临的科学问题

煤炭开采是一个十分古老的行业，由于其作业条件艰苦、地理位置偏远、开采的准入起点低、安全事故多等，煤炭开采一直被认为是粗放的、危险的、艰苦的行业，这就导致人们对开采的技术和科学重视不够，从业人员自身也不能重视科学技术。然而事实上，煤炭开采中之所以很多看起来简单的问题，却是长时间解决不好，就是因为对其内涵的科学理论没有从根本上解决，被煤炭开采表面上的粗放式生产所迷惑，在今天安全、高效、环保等要求下，对开采技术和开采标准的要求越来越高，开采技术的突破一定会基于理论上的进步，为此煤炭开采相关理论进展非常迫切，以此支撑开采技术进步。

科学开采这一名词是我国学者基于可持续开采、循环经济、绿色开采和责任开采等相关理论所提出的，随着科学开采概念的深化，它对我国煤炭行业的发展起着指导性作用。如何发展科学开采，这不仅需要成熟的理论作为指导，而且还需要在实践中不断探索和总结，不断完善科学开采的理论，使之成为科学体系，以指导实践工作。

我国煤炭行业的发展还需要在理论和实践方面做进一步的探讨和研究，因此，从科学开采的理论和实践角度讨论我国煤炭行业的发展问题，不仅对于科学开采理论自身有着重要的意义，也对整个煤炭行业有着较高的实践应用价值。但目前而言，我国实现煤炭的科学开采还面临着一些问题。

6.1 煤炭科学开采的基础理论问题

6.1.1 采矿开挖的卸荷理论

采矿工程是在原始岩体中进行的大规模开挖活动，破坏了原始应力状态，引起了开挖空间周围应力的重新分布，应力重新分布过程中，对四周围岩进行增压，形成支承压力，而支承压力的形成是由于开挖卸压诱发的，因此研究采矿开挖工程围岩的破坏与控制应该从采矿开挖卸荷入手，建立采矿开挖的卸荷理论，而不是现在广泛采用的岩石力学加载理论。

6.1.2 厚及特厚煤层开采覆岩结构破断与运动特征

目前对于一般煤层（≤3.5m）开采的顶板破断与运动研究较多，虽然还不完善，但是基本上可以指导实际生产，但对于厚及特厚煤层一次采全高开采的顶板运动特征研究不足，已有理论解释不了目前实际的工程现象。而且目前厚及特厚煤层一次采全高开采的矿井逐渐增多，因此从理论上寻找一般的厚及特厚煤层开采的覆岩结构破断与运动特征理论是十分必要和迫切的。

6.1.3　覆岩运动的统一场理论

多年来，在采矿开挖的上覆岩层移动方面，一直将近工作面上部岩层（直接顶、老顶）的破断按照梁或板的结构进行较严格的力学分析，而地表移动与沉陷采用统计方法（概率积分法），二者的研究界限也不清楚。事实上，二者都是采矿开挖引起的上覆岩层不同层位的运动与破坏，应该纳入统一场研究，这一研究思想以前曾提出过，但是由于研究的难度大、理论要求高，一直没有进行，但是对于采矿理论发展意义重大。

6.1.4　裂隙煤岩的基础力学性质研究

煤层、岩层其实质均是地质体，在地壳数十亿年的成因过程中形成的，虽然煤层的地质年代较短，3.5 亿年～3000 年之间，但是其煤系地层与古老地层一样，均有大量的地质构造，如断层、褶曲、裂隙（节理），因此煤体、岩体均是由各种地质构造分割的不连续体，虽然在硬岩体力学中（金属矿、水电工程等）对不连续岩体的力学性质有所研究，并进行了 50 余年，有了一些基本结论，但是在实际应用中主要采取统计方法。尽管如此，在煤矿开采中，对裂隙煤岩体的研究非常不够，往往把煤岩假设为均质的连续体，引用简单的材料力学进行稳定分析等，其实裂隙煤岩体基础力学属性的研究非常重要，既是分析顶板运动的基础，也是煤体是否容易破碎的基础，对于采煤方法选择、工作面和巷道围岩控制都具有重要的指导意义。

6.1.5　综放开采顶煤破碎机理及三维放出规律

顶煤破碎程度是综放开采成功与否的关键，顶煤破碎块度是评价放顶煤开采可行性和回收率的基础。顶煤破碎块度与煤层硬度、裂隙分布状况、采动应力作用等多种因素有关，但主要取决于裂隙分布密度及采动应力作用。目前研究顶煤的移动规律还只着重研究工作面推进方向的顶煤二维移动规律、煤矸分界规律等。其实顶煤的侧向移动对顶煤的回收及含矸也具有同等重要的意义。

6.1.5.1　综放开采顶煤破碎机理研究

顶煤的破碎是上覆岩层支承压力和煤壁方向卸荷共同作用的结果。研究顶煤在支承压力和水平方向卸荷共同作用下的破碎机理；着重研究煤壁水平卸荷作用对顶煤破碎的影响，建立煤壁前方顶煤的卸荷方程。

6.1.5.2 顶煤破碎块度的分布规律研究

基于裂隙分布和采动应力作用下顶煤的渐进损伤建立了顶煤破碎块度预测模型，通过圆盘裂隙模型和蒙特卡罗模拟方法将表面裂隙网络转化为煤体内部空间的三维裂隙网络，采用拓扑学中的单纯同调理论计算由空间裂隙面所切割的三维块体分布。研究中硬顶煤破碎块度与煤层硬度、裂隙分布状况、采动应力作用的内在关系以及破碎块度的分布规律。

6.1.5.3 破碎顶煤的三维移动规律研究

研究不同放煤工艺（顺序放煤、间隔放煤、单轮放煤、多轮放煤）条件下顶煤三维移动规律及煤矸边界变化特征，研究不同块度顶煤的移动规律，建立约束条件下颗粒流的移动模型，阐明顶煤块度变化对移动的影响。

6.1.6 采场底板和煤壁破坏规律与控制研究

采场底板和煤壁是采场围岩的重要组成部分，煤壁和底板的稳定性是煤炭开采成功的关键。因此研究采场底板、煤壁破坏规律与稳定性对开采高产高效和防治突水事故具有重要意义。

利用卸荷损伤力学、断裂力学和极限平衡理论研究采场底板在采动卸荷作用下损伤破坏规律，建立底板卸荷损伤力学模型，探索底板破坏深度与底板岩性、裂隙发育程度和开采采高之间的关系。控制底板破坏深度达到防治底板突水的目的。

建立顶板、顶煤、煤壁和支架相互作用的力学模型，分析煤壁稳定性与顶板移动、漏顶、支架作用和开采工艺参数的关系，探索煤壁片帮的影响因素，建立煤壁片帮的力学判据，研究煤壁片帮的控制技术和参数。控制煤壁片帮达到开采的安全高效。

6.1.7 适应煤炭矿区的环境保护与土地复垦的基础理论

目前煤炭矿区的土地复垦理论主要借鉴农业和林业的相关理论，结合煤炭开采地表塌陷与土地特点的较少，而且基础观测和理论研究也不充分。煤炭开采对土地扰动与破坏有其自身特点，有很强的时间特点，因此应形成密切实际的相关基础理论。

6.2 煤炭科学开采的人才培养问题

目前，煤炭行业以近550万从业人员数量位居全国30多个行业（产业）前列，从业人员众多，但整体素质较低。加上我国大部分矿区地处偏远的山区，工作生活条件艰苦，文化生活贫乏，矿区社会保障制度和社会功能也不健全，难以吸引和留住高水平的人才，人才流失现象比较严重。我国煤炭行业的管理和专业技术人才比例明显偏低，制约了煤炭行业向更高层次发展。在现代社会里，由于技术融合与社会协调、系统的发展，传统采矿的定义显然是过时的，无法适应和健康地促进采矿学科与采矿人才培养的需要。为此，我们应基于科学采矿的定义重新构建采矿学科的知识理论框架与人才培养模式。

按照科学采矿定义，科学采矿人才是指具有煤炭资源开采的系统理论知识与相关技术技能；了解煤炭及伴生资源的成因、用途及经济价值；具有煤矿开采的外部效应及减少和修复负外部效应的知识；掌握一定的煤炭资源开采及矿区建设的经济评价知识，能够从事煤矿行业生产、管理、设计、技术研发与经营的专业人才。科学采矿人才所应具有的基本知识框架见图6-1。

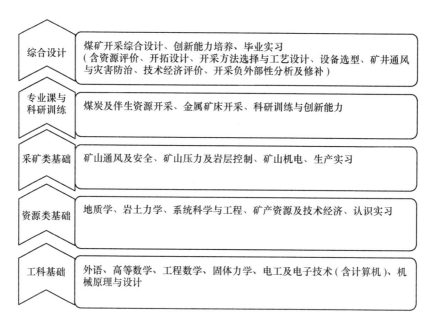

综合设计　煤矿开采综合设计、创新能力培养、毕业实习
（含资源评价、开拓设计、开采方法选择与工艺设计、设备选型、矿井通风与灾害防治、技术经济评价、开采负外部性分析及修补）

专业课与科研训练　煤炭及伴生资源开采、金属矿床开采、科研训练与创新能力

采矿类基础　矿山通风及安全、矿山压力及岩层控制、矿山机电、生产实习

资源类基础　地质学、岩土力学、系统科学与工程、矿产资源及技术经济、认识实习

工科基础　外语、高等数学、工程数学、固体力学、电工及电子技术（含计算机）、机械原理与设计

图6-1　科学采矿人才基本知识框架

目前采矿人才的学历层次主要分为高职、本科和研究生（硕士、博士），这里的采矿人才是指本科、硕士研究生和博士研究生人才，如图6-2所示。

6.2.1　本科人才培养

本科人才培养从根本上是培养能够从事采矿行业生产、管理、设计、咨询、市场开发、经济评价与技术服务的基础人才。课程设置方面，除传统的培养课程外，应适当加强理论基础知识，尤其是力学、外语和经济、环境等方面知识，适

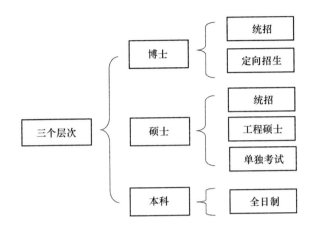

图 6-2 人才培养的三个层次

当弱化工艺环节以及具体技术细节等方面的教学内容，同时需要更新现有教材内容，尤其是专业基础课和专业课教材，要适应现代技术发展需要，对一些不用或很少使用的落后技术应从教材中删去，补充和增加一些新的技术以及新技术所需的相关基础理论知识，如矿压理论中应加强放顶煤、大采高、充填开采的矿压研究内容，加强开采后引起的上覆岩层、地表移动规律以及采动后煤层底板破坏规律等内容，增加开采采动裂隙及扰动对瓦斯气体、采场周围水体（含水层）流动影响的研究内容；采煤学中应加强现代大型及特大型煤矿矿区建设、开采采区及工作面布置、无轨运输系统及特厚煤层、大倾角煤层综合机械化开采等工艺技术等；煤矿机械课程中应增加现代化大型矿山设备、无轨运输设备及自动控制等内容。同时培养计划中应增加资源经济学、资源环境学课程，介绍煤及伴生资源的用途、开发、利用及经济价值，加强从资源环境、资源经济、开采环境等方面进行矿区规划设计、外部系统对开采影响等方面的内容，除煤矿开采的基本知识与理论外，加强学生的宏观及大系统的概念。

在矿山系统工程课程中，除传统的矿山开采工艺过程优化外，应补充煤矿开采外部环境、外部工艺、外部经济的优化与分析，就是从矿井封闭系统拓展到外部开放系统。系统研究开采的完全成本，以资源开采经济学作为煤矿企业开发的基础知识等。根据科学采矿理念，为了培养科学的采矿人才，需要对现有的采矿本科生培养计划进行修改，对课程教学大纲进行更新，同时教师的知识结构也需要调整。

在有限的大学四年时间内，在原有课程基础上增加了一些新的课程和教学内容，势必会挤压原有传统课程的学时，这是一种必然。在传统课程的讲授中，必然在授课内容上进行调整，精简一般工艺性、技术技能性、常规工序、操作性的内容，通过实习和实践去学习这些内容，可以收到事半功倍的效果。加强实习实践环节，提高实习质量。

6.2.2　研究生培养

相比 20 年，甚至是 10 年前，全国研究生的招生数量大幅度增加，而指导教师的数量增加相对滞后，研究生导师指导的研究生数量倍增，这势必导致指导教师对每位个体研究生的指导时间和精力相对不足，在这种现实和新的研究生教育形势下，如何提高研究生培养质量，分方向、分领域地培养出高层次的科学采矿人才是一个值得深入研究的课题。目前研究生层次培养中，无论博士还是硕士研究生，大部分都是由导师指定研究课题，或者是跟随导师的科研题目，在项目研究中，以一定或部分的项目研究成果作为毕业学位论文，这种培养方式具有合理性，但也有不足之处，主要的不足之处是学生论文的创新性不足，学生对学科的研究现状、研究中存在的问题不是很清楚，对相关文献资料的阅读数量明显不够，尤其是外文资料，对国外相关研究进展缺少必要了解，往往只了解导师研究团队的一些研究成果，知识面和基础知识偏窄。另外导师课题中许多是属于为企业技术服务性的，以解决企业的具体难题为主，对于博士生尤其是统招的博士生而言，仅仅如此还是不够的。因此对于博士生这一高层次人才培养中，至少应该有 20% ~ 30% 的人从事采矿基础性、共性科学问题的研究，为推动行业的科技进步奠定一些理论与技术储备；有 30% ~ 50% 的博士生从事与矿山具体的开采理论与技术相关的课题研究，解决目前为止我国煤矿生产中的一些理论与技术难题；20% ~ 30% 从事一些煤矿开采相关的资源经济、资源环境、开采环境等方面的研究。对于一些在职和定向的博士生或硕士生而言，在论文选题上可加强一些具体企业的实际且有技术含量课题的研究，多选一些具有方向性的课题。在研究生培养过程中，加强学术交流、进行广泛的学生之间的研究与探讨也是十分必要的。导师与学生之间要有经常性的、正式的学术探讨和交流，鼓励和提供条件让研究生多参加国内外的学术会议和各种研讨会等。

企业人才可以分成高级管理人员、高级技术人员、基层管理人员、基层技术人员和工人。企业人才再培养是非常重要的工作，随着社会发展，人们的观念和要求均有所发展，相对来说，企业人才，尤其是基层的技术与管理人才忙于日常生产工作，出去交流、学习机会相对少些，对科学开采的认识程度不足，有必要增加他们的学习、交流机会，更新观念。

6.3　煤炭科学开采的政策问题

"十三五"及今后较长一个时期，是我国推动能源革命和煤炭行业转型升级发展的关键时期。既要看到我国煤为基础、多元发展的能源发展方针和以煤炭为主的一次能源格局不会改变；也要看到经济发展新常态下煤炭开发利用面临大气污染控制、温室气体减排、生态环境约束、清洁能源快速发展等多重挑战；既要看到我国煤炭工业改革发展取得了巨大成绩；还必须看到我国煤炭工业发展不平衡、生产力总体水平低的现实问题；煤炭行业要坚持以推动煤炭供给侧结构性改革为主线，围绕理念创新、模式转变、动力转换，深入研究煤炭行业改革发展的重点、关键问题，树立新理念、探索新思路、新途径，推进煤炭安全高效智能化开采和清洁高效集约化利用，促进煤炭行业转型升级发展。

一是要深入研究煤炭总量问题。煤炭总量问题是一个战略性问题，科学研究确定我国煤炭总量对于促进国民经济和煤炭工业的健康可持续发展具有重要的意义。在今后相当长时间内全国煤炭产能过剩将是主要矛盾，同时部分地区结构性短缺问题也会逐步显现。要深入研究我国煤炭资源储量、煤炭生产和需求的关系，为煤炭科学合理开发提供决策依据；要深入研究煤炭消费峰值问题，科学判断未来煤炭发展趋势；要深入研究新能源和可再生能源的发展趋势和替代规律，研究现代煤化工、燃煤电厂超低排放、煤粉型工业锅炉、褐煤提质等关键技术，促进煤炭清洁高效利用；要深入研究煤炭开发利用与环境容量和生态承载力的关系，增强全社会节能意识和环保意识；要深入研究国际能源战略、我国能源政策对煤炭发展的影响，科学论证我国能源结构调整的方向、趋势和经济性、安全性、可行性，为研究制定煤炭工业发展战略提供依据。

二是要深入研究煤炭供应合理半径和区域保障问题。随着煤炭行业淘汰落后、化解过剩产能工作的持续推进，我国煤炭开发格局正在发生显著变化。东部地区资源枯竭、开采条件复杂，生产成本高，生产规模逐步收缩；中部地区和东北地区开发强度大，接续资源埋藏深、开发效益低；西南和中南地区资源赋存条件较差，大型整装煤田少，煤矿灾害多；全国煤炭资源开发布局越来越向晋陕蒙宁等少数地区集中，全国煤炭产能过剩与部分区域煤炭供应不足的问题越来越明显。要结合全国煤炭资源开发布局变化，深入研究煤炭铁路运输通道、特高压输电以及煤炭销售合理半径问题；要深入研究煤炭资源品种、市场结构和区域供应保障问题；提高煤炭资源市场配置的经济性、可靠性和应急保障能力，为经济社会发展提供更加坚实的能源支撑。

三是要深入研究煤炭产业转型升级的思路问题。近些年来，部分大型煤炭企业结合自身发展优势，在推动转型升级发展中探索出了各具特色的发展模式，例如，神华集团探索发展形成了"煤电化路港航"一体化发展的"神华模式"；淮南矿业集团坚持"办大矿、建大电、做资本"，形成了"淮南模式"；陕煤化集团在创新发展中形成了"以煤为基、能材并进、技融双驱、绿色高端"的"陕煤化模式"。这些具有企业特色的发展模式，有理念创新，有实践探索，有成功示范，有效果、也有前瞻研究，取得了较好的经济效益和社会效益。但也必须看到，煤炭产业与相关产业协调发展格局尚未建立，现代煤化工产业、高附加值产业、战略新兴产业、新业态等仍处于培育发展阶段，转型升级发展的基础还十分薄弱，还需要进行较长时间的探索和努力。

要围绕煤炭安全高效智能化开采与清洁高效集约化利用领域，深入研究重大基础理论和共性关键技术问题，推动煤炭行业技术升级；要深入研究煤炭与新产业、新业态融合发展机制问题，培育新兴产业和高技术产业，实现煤炭主业和相关产业协调发展，促进产业转型；要深入研究管理模式、管理手段和管理方法创新问题，健全完善企业法人治理结构，促进煤炭企业管理升级；深入研究煤炭供给侧与需求侧协同发展问题，构建煤炭产销一体化的创新发展机制，探索煤炭市场供需新模式、新业态。

四是要深入研究去产能煤矿人员安置和资产债务处置问题。截至 2018 年 8 月，全国累计化解煤炭过剩产能约 1 亿吨，完成全年任务的 67%，但受多重因素影响，煤炭企业去产能煤矿职工安置的难度越来越大，去产能煤矿的资产、债务处置政策还不清晰、不明确。要结合实际研究去产能煤矿的资源、资产，特别是固定资产的有效利用问题；要统筹考虑去产能煤矿职工年龄结构、知识结构和技能水平，深入研究去产能煤矿职工安置方式、方法和就业渠道问题，进一步加强与地方政府的协调，用足用好相关政策措施，特别是高度重视特殊困难群体的生活保障问题，维护矿区稳定；要深入研究去产能煤矿资产、债务处置相关政策，结合企业实际，研究企业资产、债权债务处置的思路和具体措施，按照市场化、法治化的原则，通过兼并重组、债务重组、破产清算等多种渠道，依法依规处置资产债务问题，防范企业经营风险。

五是深入研究"一带一路"倡议发展机遇，推进煤炭企业国际化发展问题。煤炭行业转型升级，开放合作是必由之路。要统筹国际国内两种资源、两个市场，实施更加主动的开放战略，用全球视野谋划未来。要加强"一带一路"沿线国家煤炭法律法规、煤炭产业政策、国际贸易政策和文化风俗研究，系统梳理对我国煤炭企业"走出去"的影响。加强与世界采矿大会、国际能源署、世界煤炭协会等国际能源组织的对话与交流，增强在国际煤炭贸易中的参与权和话语权。要开展国际煤炭产能合作，开发新的境外煤炭市场和煤炭供应基地，加强对国际煤炭资源的优化配置能力。要推动煤机装备、煤炭产品、煤炭技术走出去，提升设计、咨询、生产和服务水平，培育有国际影响力的品牌产品，更好地融入全球产业分工体系，培育形成国际合作和竞争的新优势。

参 考 文 献

[1] BP2018 世界能源统计报告 [R]. 英国 BP 集团发布, 2018.

[2] 2016 年中国清洁能源及技术行业投资研究报告 [R]. 普华永道发布, 2017.

[3] 2017 年能源工作指导意见 [Z]. 国家能源局, 2017.

[4] 关于促进生物质能供热发展的指导意见 [Z]. 国家发展改革委员会、国家能源局, 2017.

[5] 北方地区冬季清洁取暖规划 (2017－2021) [Z]. 国家发展改革委员会、国家能源局等, 2017.

[6] 2050 年世界与中国能源展望 [R]. 中国石油经济技术研究院, 2017.

[7] 谢和平, 钱鸣高, 彭苏萍, 等. 煤炭科学产能及发展战略初探 [J]. 中国工程科学, 2011 (6): 44～50.

[8] 贺佑国, 叶旭东, 王震. 关于煤炭工业"十三五"规划的思考 [J]. 煤炭经济研究, 2015 (1): 6～21.

[9] 国家统计局. http://data. stats. gov. cn/easyquery. htm? cn = C01.

[10] 谢和平, 刘虹, 吴刚. 煤炭对国民经济发展贡献的定量分析 [J]. 中国能源, 2012 (4): 5～9.

[11] 国家统计局. http://data. stats. gov. cn/workspace/index? m = hgnd.

[12] 中国工程院项目组. 煤炭安全、高效、绿色开采技术与战略课题研究 [R]. 2012.

[13] 中国煤炭工业协会. 中国煤炭工业改革发展情况通报 2015 [R]. 2016.

[14] 中国煤炭工业协会. 关于上半年全国煤炭经济运行情况的通报 [R]. 2018.

[15] 钱鸣高, 许家林, 缪协兴. 煤矿绿色开采技术 [J]. 中国矿业大学学报, 2003, 32 (4): 343～348.

[16] 许家林, 钱鸣高. 绿色开采的理念与技术框架 [J]. 科学导论, 2007, 25 (7): 61～65.

[17] 钱鸣高, 缪协兴, 许家林. 资源与环境协调 (绿色) 开采 [J]. 煤炭学报, 2007, 32 (1): 1～7.

[18] 龙如银, 李明. 绿色开采动力不足的原因分析及政策启示 [J]. 生态经济 (学术版), 2007, 32 (8): 194～197.

[19] 黄庆享. 煤炭资源绿色开采 [J]. 陕西煤炭, 2008 (1): 18～21.

[20] 缪协兴, 钱鸣高. 中国煤炭资源绿色开采研究现状与展望 [J]. 采矿与安全工程学报, 2009, 26 (1): 1～14.

[21] 杜祥琬, 周大地. 中国的科学、绿色、低碳能源战略 [J]. 中国工程科学, 2011, 13 (6): 1～10.

[22] 钱鸣高. 煤炭产业特点与科学发展 [J]. 中国煤炭, 2006, 32 (11): 5～9.

[23] 钱鸣高, 缪协兴, 许家林, 等. 论科学采矿 [J]. 采矿与安全工程学报, 2008, 25 (1): 1～10.

[24] 郑爱华, 许家林, 钱鸣高. 科学采矿视角下的完全成本体系 [J]. 煤炭学报, 2008, 33 (10): 1196～1200.

[25] 钱鸣高. 煤炭的科学开采 [J]. 煤炭学报, 2010, 35 (4): 529～534.

［26］王家臣，钱鸣高．卓越工程师人才培养的战略思考——科学采矿人才培养［J］．煤炭高等教育，2011，29（5）：1～4.

［27］李东印．科学采矿评价指标体系与量化评价方法［D］．焦作：河南理工大学，2012.

［28］王家臣．煤炭科学开采的内涵及技术进展［J］．煤炭与化工，2014，37（1）：5～9.

［29］王蕾．煤炭科学开采系统协调度研究及应用［D］．北京：中国矿业大学（北京），2015.

［30］王家臣，刘峰，王蕾．煤炭科学开采与开采科学［J］．煤炭学报，2016.

［31］钱鸣高，许家林，王家臣．再论科学采矿［J］．煤炭学报．

［32］United Nations. Report of the World Commission on Environment and Development：Our Common Future. 1987, Availableat：http：//www. un-documents. net/wced-ocf. htm.

［33］Von Below M A. Sustainable mining development hampered by low mineral prices［J］．Resources Policy, 1993：177～183.

［34］Allan R. Sustainable mining in the future［J］．Journal of Geochemical Exploration, 1995, 1：57～63.

［35］Sarah J Cowell, Walter Wehrmeyer, Peter W Argust, et al. Sustainability and the primary extraction industries：theories and Practice［J］．Resource Policy, 2005, 1：278～286.

［36］Jack A Caldwell. Sustainable mine development：stories &perspectives［J］．Mining Intelligence & Technology, 2008：3～5.

［37］Wojciech Suwala. Modelling adaptation of the coal industry to sustainability conditions［J］．Energy, 2008：1015～1026.

［38］Botin J A. Sustainable management of mining operations［J］．Safety for Mining, Metallurgy, and Exploration, Inc, 2009：19～26.

［39］Robert Goodland. Responsible mining：the key to profitable resource development［J］．Sustainability, 2012, 4（9）：2099～2126.

［40］赵志强，高洋，汪昕，等．我国煤炭资源开采回采率问题研究［J］．煤矿现代化，2011，100（1）：5～7.

［41］任传鹏，丁日佳，李上．中国煤炭回采率低下的原因及对策［J］．辽宁工程技术大学学报（自然科学版），2010，29（S1）：136～137.

［42］李北陵．煤炭资源回采率低下原因探析［J］．新华网经济评论，2007，11（5）：123～126.

［43］甄选．中国煤矿产能分析与中长期预测［J］．中国煤炭，2014，40（1）：20～24.

［44］中国煤炭工业协会．2012年1～12月全国煤炭经济运行主要指标完成情况［R］．2013.

［45］国家统计局．中国统计年鉴2017，http：//data. stats. gov. cn/easyquery. htm? cn = C01.

［46］杨俊军．煤炭开采对水资源的影响及对策探讨［J］．山西水土保持科技，2010（2）：29～30.

［47］黄翌，汪云甲，田丰，等．煤炭开采对植被-土壤系统扰动的碳效应研究［J］．资源科学，2014，36（4）：817～821.

［48］黄翌．煤炭开采对植被-土壤物质量与碳汇的扰动与计量［D］．徐州：中国矿业大学，2014.

[49] 胡振琪, 龙精华, 王新静. 论煤矿区生态环境的自修复、自然修复和人工修复 [J]. 煤炭学报, 2014 (8): 1751~1757.

[50] 胡振琪. 土地复垦与生态重建 [M]. 徐州: 中国矿业大学出版社, 2008.

[51] 卞正富. 国内外煤矿区土地复垦研究综述 [J]. 中国土地科学, 2000, 14 (1): 6~11.

[52] 胡振琪, 王新静, 贺安民. 风积沙区采煤沉陷地裂缝分布特征与发生发育规律 [J]. 煤炭学报, 2014, 39 (1): 11~18.

[53] 李润求, 施式亮, 念其锋, 蒋敏. 近10年我国煤矿瓦斯灾害事故规律研究 [J]. 中国安全科学学报, 2011 (9): 143~151.

[54] 申宝宏, 刘见中, 张泓. 我国煤矿瓦斯治理的技术对策 [J]. 煤炭学报, 2007 (7): 673~679.

[55] 王金华. 中国煤矿现代化开采技术装备现状及其展望 [J]. 煤炭科学技术, 2011 (1): 1~5.

[56] 王金华. 我国煤矿现代化开采技术装备现状及其展望 [J]. 中国能源, 2010 (11): 21~22.

[57] 陈红. 中国煤矿重大事故中的不安全行为研究 [M]. 北京: 科学出版社, 2006: 234~236.

[58] 邬长城, 陈晋妤, 方彬屹, 等. 中国煤矿员工文化程度及对安全的影响分析 [J]. 中国安全生产科学技术, 2012 (6): 225~228.

[59] 国家卫生健康委员会. http://www.nhfpc.gov.cn/jkj/s5899t/201712/c46227a95f054f5fa75a40e4db05bb37.shtml, 2017.

[60] 孙启华. 葛亭煤矿职业安全健康管理体系研究 [J]. 煤矿安全, 2014 (3): 217~219.

[61] 宋富美, 李季. 我国煤矿尘肺病现状及预防对策研究 [J]. 煤矿安全, 2014 (5): 231~233.

[62] 梁玉霞, 刘双跃, 王娟, 等. 煤矿安全质量标准化管理信息系统的开发与应用 [J]. 安全与环境学报, 2012 (2): 187~190.

[63] 马根瑞. 煤矿安全质量标准化管理信息系统研究 [J]. 信息通信, 2014 (11): 147~148.

[64] 吴同性. 基于文化塑造的煤矿本质安全管理研究 [D]. 武汉: 中国地质大学, 2012.

[65] 原冬亮. 科学采矿在煤炭开采中的价值分析 [J]. 技术与市场, 2014 (1): 118~119.

[66] Wang Jiachen, Wang Lei, Yang Yang, et al. Science mining and clean coal technology in China [J]. Journal of Clean Energy Technologies, 2015: 3 (6): 474~477.

[67] 时立文. SPSS 19.0 统计分析从入门到精通 [M]. 北京: 清华大学出版社, 2012: 144~145.

[68] 薛薇. 基于SPSS的数据分析 [M]. 北京: 中国人民大学出版社, 2011: 210~211.

[69] 薛慧锋, 陶建格, 卢亚丽. 资源系统工程 [M]. 北京: 国防工业出版社, 2007: 236~237.

[70] 赵涛, 李晅煜. 能源-经济-环境 (3E) 系统协调度评价模型研究 [J]. 北京理工大学学报 (社会科学版), 2008, 10 (2): 11~16.

[71] 戴西超, 谢守祥, 丁玉梅. 技术-经济-社会系统可持续发展协调度分析 [J]. 统计与

决策, 2005 (3): 29~32.

[72] 曾珍香, 顾培亮. 可持续发展的系统与评价 [M]. 北京: 科学出版社, 2000: 45~120.

[73] 国家煤炭工业协会. 中国煤炭工业年鉴 2000 [M]. 北京: 中国统计局, 2001 (e).

[74] 国家煤炭工业协会. 中国煤炭工业年鉴 2001 [M]. 北京: 中国统计局, 2002.

[75] 国家煤炭工业协会. 中国煤炭工业年鉴 2002 [M]. 北京: 中国统计局, 2003.

[76] 国家煤炭工业协会. 中国煤炭工业年鉴 2003 [M]. 北京: 中国统计局, 2004.

[77] 国家煤炭工业协会. 中国煤炭工业年鉴 2004 [M]. 北京: 中国统计局, 2005.

[78] 国家煤炭工业协会. 中国煤炭工业年鉴 2005 [M]. 北京: 中国统计局, 2006.

[79] 国家煤炭工业协会. 中国煤炭工业年鉴 2006 [M]. 北京: 中国统计局, 2007.

[80] 国家煤炭工业协会. 中国煤炭工业年鉴 2007 [M]. 北京: 中国统计局, 2008.

[81] 国家煤炭工业协会. 中国煤炭工业年鉴 2008 [M]. 北京: 中国统计局, 2009.

[82] 国家煤炭工业协会. 中国煤炭工业年鉴 2009 [M]. 北京: 中国统计局, 2010.

[83] 国家煤炭工业协会. 中国煤炭工业年鉴 2010 [M]. 北京: 中国统计局, 2011.

[84] 国家煤炭工业协会. 中国煤炭工业年鉴 2011 [M]. 北京: 中国统计局, 2012.

[85] 国家煤炭工业协会. 中国煤炭工业年鉴 2012 [M]. 北京: 中国统计局, 2013.

[86] 国家煤炭工业协会. 中国煤炭工业年鉴 2013 [M]. 北京: 中国统计局, 2014.

[87] 国家安全生产监督管理总局统计司. 2000 年煤炭工业统计年报 [M]. 北京: 安全生产监督管理总局统计司, 2001.

[88] 国家安全生产监督管理总局统计司. 2001 年煤炭工业统计年报 [M]. 北京: 安全生产监督管理总局统计司, 2002.

[89] 国家安全生产监督管理总局统计司. 2002 年煤炭工业统计年报 [M]. 北京: 安全生产监督管理总局统计司, 2003.

[90] 国家安全生产监督管理总局统计司. 2003 年煤炭工业统计年报 [M]. 北京: 安全生产监督管理总局统计司, 2004.

[91] 国家安全生产监督管理总局统计司. 2004 年煤炭工业统计年报 [M]. 北京: 安全生产监督管理总局统计司, 2005.

[92] 国家安全生产监督管理总局统计司. 2005 年煤炭工业统计年报 [M]. 北京: 安全生产监督管理总局统计司, 2006.

[93] 国家安全生产监督管理总局统计司. 2006 年煤炭工业统计年报 [M]. 北京: 安全生产监督管理总局统计司, 2007.

[94] 国家安全生产监督管理总局统计司. 2007 年煤炭工业统计年报 [M]. 北京: 安全生产监督管理总局统计司, 2008.

[95] 国家安全生产监督管理总局统计司. 2008 年煤炭工业统计年报 [M]. 北京: 安全生产监督管理总局统计司, 2009.

[96] 国家安全生产监督管理总局统计司. 2009 年煤炭工业统计年报 [M]. 北京: 安全生产监督管理总局统计司, 2010.

[97] 国家安全生产监督管理总局统计司. 2010 年煤炭工业统计年报 [M]. 北京: 安全生产监督管理总局统计司, 2011.

[98] 国家安全生产监督管理总局统计司. 2011 年煤炭工业统计年报 [M]. 北京: 安全生产

监督管理总局统计司，2012.

［99］国家安全生产监督管理总局统计司．2012年煤炭工业统计年报［M］．北京：安全生产
　　　监督管理总局统计司，2013.

［100］翟永平．统计分析及相关软件应用［M］．北京：经济科学出版社，2012：199～229.

［101］冯立．回归分析方法原理及SPSS实际操作［M］．北京：中国金融出版社，2004：
　　　36～113.

［102］包研科．数据分析教程［M］．北京：清华大学出版社，2011：171～198.

［103］中国煤炭工业协会．2006中国煤炭企业100强分析报告［M］．北京：煤炭工业出版
　　　社，2007.

［104］中国煤炭工业协会．2007中国煤炭企业100强分析报告［M］．北京：煤炭工业出版
　　　社，2008.

［105］中国煤炭工业协会．2008中国煤炭企业100强分析报告［M］．北京：煤炭工业出版
　　　社，2009.

［106］中国煤炭工业协会．2009中国煤炭企业100强分析报告［M］．北京：煤炭工业出版
　　　社，2010.

［107］中国煤炭工业协会．2010中国煤炭企业100强分析报告［M］．北京：煤炭工业出版
　　　社，2011.

［108］中国煤炭工业协会．2011中国煤炭企业100强分析报告［M］．北京：煤炭工业出版
　　　社，2012.

［109］中国煤炭工业协会．2012中国煤炭企业100强分析报告［M］．北京：煤炭工业出版
　　　社，2013.

［110］中国煤炭工业协会．2013中国煤炭企业100强分析报告［M］．北京：煤炭工业出版
　　　社，2014.

［111］中国煤炭工业协会．2014中国煤炭企业100强分析报告［M］．北京：煤炭工业出版
　　　社，2015.

［112］张志超．中煤平朔煤业有限责任公司的生态文明建设及其启示［J］．企业活力，2011，
　　　7（20）：58～62.

［113］贺志伟．坚持不懈走绿色开采、循环发展之路建设绿色矿山［J］．煤炭经济管理新论，
　　　2013，12：12～18.

［114］中煤平朔集团有限公司2012年发布社会责任报告［J］．企业文化，2012，9：27～41.

［115］乔繁盛．建设绿色矿山发展绿色矿业［J］．中国矿业，2009，8：4～6.

［116］贾守国．中煤平朔煤业有限公司露天采矿用地改革试点工作浅析［J］．华北国土资源，
　　　2012，5：64～66.